U0394794

零基础学裸妆

［韩］元伦喜　　［韩］徐秀振　　［韩］朴美和　著

张霄凡　田玉花　柴艳秋　译

青岛出版社

QINGDAO PUBLISHING HOUSE

图书在版编目（ＣＩＰ）数据

零基础学裸妆 / (韩) 元伦喜, (韩) 徐秀振, (韩)朴美和著 ; 张霄凡, 田玉花, 柴艳秋
译. -- 青岛 : 青岛出版社, 2016.6

ISBN 978-7-5552-4225-3

Ⅰ.①零… Ⅱ.①元… ②徐… ③朴… ④张… ⑤田… ⑥柴… Ⅲ.①女性 – 化
妆 – 基本知识 Ⅳ.①TS974.1

中国版本图书馆CIP数据核字(2016)第149285号

书　　名	**零基础学裸妆**
著　　者	［韩］元伦喜　　［韩］徐秀振　　［韩］朴美和
译　　者	张霄凡　田玉花　柴艳秋
出版发行	青岛出版社
社　　址	青岛市海尔路182号（266061）
本社网址	http://www.qdpub.com
邮购电话	13335059110　　0532-85814750（传真）0532-68068026
策划编辑	刘海波　周鸿媛
责任编辑	王　宁
特约编辑	李德旭
封面设计	「知世」书籍装帧设计
装帧设计	宋修仪
印　　刷	青岛浩鑫彩印有限公司
出版日期	2016年8月第1版　2016年8月第1次印刷
开　　本	32开（890mm×1240mm）
印　　张	7
书　　号	ISBN 978-7-5552-4225-3
定　　价	32.80元

编校印装质量、盗版监督服务电话：4006532017　　0532-68068638

印刷厂服务电话：0532-82855088

建议陈列类别：服饰美容类　时尚生活类

前言

　　裸妆风通过韩剧中美得不像在人间的女主角吹过，早已经当道多时。裸妆并非完全不化妆的意思，而是妆容自然清新，虽经精心修饰，但并无刻意化妆的痕迹，又称为"透明妆"。明明没有丝毫着妆的痕迹，看起来却比平日精致了许多——这是裸妆给人的第一印象。

　　初次见面，一个好看的妆容，让男友对你的感觉会大不同。在明媚的阳光下，一款大眼清新甜美裸妆就是舒服简单又最让人动心的妆容；

　　在学校里，浓妆自然是不合适，但是素面朝天又很没有精神，一款有妆似无妆的裸妆就是必学功课；

　　浓妆不适合职场生活，但又不愿素颜以对，任眼睛无神，肌肤粗糙，因此，一款体现精致干练脸庞的裸妆就是必备技能；

　　盛夏季节，枝繁叶茂，阳光闪烁在树丛中，画个蓝色清新感的裸妆，配上一身干净清爽的衣服出门，你的回头率会有多少呢？

　　同是一个"裸"，其实内容却千差万别。夏季的"裸"与秋冬的"裸"相比，夏季强调干净清透，而秋冬更强调轮廓线条，以光线明暗勾勒出如修过片的超完美肌肤和女人味，让你光彩照人，彰显如同天生成就的美。

　　打造裸妆最重要的一步是遮瑕。现代女性由于各种原因，眼下总会有或多或少的黑色素沉淀形成的黑眼圈，因此眼部遮瑕是整个妆容的关键。再就是面部其他细小瑕疵的遮盖，做好这些既能体现肌肤的自然本真状态，又能营造自然好气色。裸妆并不代表

千人一面，挑选到适合本身肤色的产品非常重要。面对着种类繁多、品牌林立的化妆用品，你是否感到无从下手呢？本书为你推荐了一些必备的经典款，愿你从这里先学习和开始使用起来，随着技术的提高，你会发现自己自然而然地会挑选合适顺手的产品，在不断实践中创意也会如期而至，喷涌而出。

　　说到底，化妆是为了掩盖缺点，展现优点，当你掌握裸妆的方法之后，就请调整情绪，用自信充满氧气的笑容控制场面，这样才不会显得违和难耐。不要故意装可爱，不要使劲儿剪齐刘海，用你最自然的神情感染别人，才是王道。相由心生从来不是虚传。

　　这本书将告诉你如何化裸妆，从基础护肤和工具选择开始，手把手帮你打造各种风格的自然裸妆，让你完美应对日常所有需要化妆的场合，做到真正的"有妆胜无妆"。

第 一 章
化妆基础知识

基础底妆

基础眼妆

基础腮红&唇妆

第 二 章

整容式化妆技巧

眼部整容式化妆

鼻梁整容式化妆

第 三 章

化好裸妆再出门

第一章
化妆基础知识

　　无论学习什么，基础知识都是很重要的。只有基础牢固了，才能熟练地运用各种化妆技巧。

　　在我们掌握流畅的化妆技巧之前先来了解一些有用又简单的知识吧。

基础化妆品的
简单知识

在进行裸妆前我们先要理顺基础护肤品【洁肤水→爽肤水→凝露→眼霜→精华→乳液→保湿霜→营养霜】的使用顺序。这样列出使用顺序并不意味着我们需要把它们全部都用上。每个人的皮肤类型不同，因此需要使用的护肤品的数量也不同。基础护肤品的目的，不在于美白，也不在于改善皱纹，而在于"保湿"。上面所列的产品中，果断去掉对自己没用的才是正确的。

使用多种基础护肤品的朋友们总会说："只用乳液的话脸会觉得有些紧绷，不够保湿，应该把同系列的面霜也用了！"这时我会反问："既然这样，那为什么还要涂乳液呢？"

假如觉得用乳液皮肤会有紧绷感，保湿力不够，那就干脆省略乳液这个步骤，直接用面霜就可以了。基础护肤品的最终目标就是保湿，因此成分相似而类型不同的护肤品是没有必要使用多个的。总之，皮肤的吸收能力是有限的，只要能让皮肤不感觉紧绷，达到舒适的状态就可以了。

在基础护肤品前使用爽肤水是非常重要的。把爽肤水倒在掌心，然后在全脸轻拍，让爽肤水渗透到皮肤里，使皮肤变得水润。这样的皮肤具有更高的渗透性，后面的护肤品也能更好地被吸收。第一步使用的洁肤水，跟爽肤水的作用是不同的。把洁肤水倒在化妆棉上，可以擦除化妆品残留，因此洁肤水不需要专门购买，用洁面水代替就可以。使用化妆棉擦拭皮肤对敏感皮肤和红血丝皮肤会造成刺激，所以不如用手代替。实际上停止使用化妆棉后皮肤问题得到康复的例子也不在少数。

在爽肤水之后涂上给予皮肤所需油分、水分的乳液或面霜，只选其中一种也没有任何问题。坚持只选择适合自己皮肤的护肤品，既节约了时间又省了钱，岂不是一举两得？请大家看一下自己的梳妆台，有没有用了多余的护肤品呢？

了解紫外线阻断剂——防晒霜

有句话这么说："昂贵的乳液面霜涂 10 次，也比不上恰当地涂 1 次防晒霜。"防晒霜是有效阻止皮肤老化的重要产品，因此我们应该了解关于防晒霜的基本常识，以便让防晒霜发挥更好的作用。

1. 紫外线阻断剂是什么？

紫外线阻断剂是保护皮肤免受阳光紫外线侵袭的产品的总称。通常我们叫它"防晒霜"或者"防晒露"，紫外线阻断剂可以防御紫外线所引起的皮肤癌、红斑、黑痣、雀斑、老年斑等问题性皮肤疾病，因此在室外活动时最好擦上它。

2. 防晒霜只在夏天用吗？

防晒霜最好全年 365 天都用，因为它并不是为夏天而生的。在室内我们也会受到透过玻璃进入的紫外线的侵袭，因此在室内也是应该涂防晒霜的。但我认为没有必要在家休息也涂防晒霜，在家时还是让皮肤休息一下更好。如果全年不给皮肤休息的时间，就连在家也要化妆的话，对皮肤确实是太残酷了。

3. 防晒霜包装上标注的"SPF"和"PA"是什么意思？

"SPF"和"PA"是阻断紫外线的指数。紫外线 B（UVB）可以燃烧皮肤的表皮层生成黑色素，这就是黑痣和杂斑产生的主要原因。

阻断紫外线 B 的指数称为"SPF"。假设在什么都不涂的情况下皮肤 15 分钟就会产生红斑，规定"SPF1=15 分钟"，那么若使用"SPF30"的防晒霜，据此计算出"15 分钟 ×30=450 分钟"，也就是说它阻挡紫外线的时长能达到 450 分钟。同样的道理，SPF 后面的数值越大，阻挡紫外线的时间也会越长。或者可以这么说："SPF 值越高防晒效果就越强——错误！SPF 值越高防晒时间就越长——正确！"但并不是所有人在日晒 15 分钟之后会出现红斑，也不是 15 分钟之内皮肤一点问题也没有，一过了 15 分钟红斑就立刻冒出来。红斑在只有微观可见的情况下缓慢生成，到 15 分钟时肉眼才会看得到暗红色的斑块。我们的皮肤要不断地分泌汗液和皮脂，加上日常生活中皮肤会经历各种摩擦，防晒霜很容易就被蹭掉了，所以最好每 2~3 小时重新涂一次。

紫外线 A（UVA）能深入皮肤真皮层破坏蛋白质，它是皱纹生成的主要原因，因此需要特别留意。阻断紫外线 A 的指数一般用"PA+/PA++/PA+++"来表示，"+"越多表明阻断紫外线 A 的指数也越高。因此尽量使用 SPF 和 PA 都有的防晒霜为佳。

4. SPF15+SPF30=SPF45 吗？

看完前面的内容，有的朋友会这么推理："SPF15 的防晒霜和 SPF30 的防晒霜，两个一起涂是不是就有 SPF45 的效果？"这个算法是错误的。涂完 SPF15 的防晒霜后再涂上 SPF30 的防晒霜，它的效果不会变成 SPF45，而是 SPF30。与其他产品搭配使用或者不断涂抹才会显现更好的防晒效果。

5. 防晒霜越贵越好吗？

并不是价格越昂贵的防晒产品，它的防紫外线效果就越出色。假如是自己非常喜欢的防晒霜，即使价格昂贵也心甘情愿，但如果不是这种情况，就没有必要固执地去买价格昂贵的产品。只要选择适合自己皮肤类型的防晒产品就好，不要在意价格。

6. 无机紫外线阻断剂 VS 有机紫外线阻断剂

涂防晒产品时皮肤会变得苍白，这叫"白浊现象"。这种白浊现象出现在使用无机紫外线阻断剂（防晒原理为物理防晒）时。所谓无机紫外线阻断剂，就是在皮肤表面形成一层反射紫外线的保护膜的防晒产品。无机紫外线阻断剂的代表性成分是"氧化锌"和"二氧化钛"，在成分标示表中看到这两样成分就说明它是物理防晒产品。物理防晒产品涂抹时会有不透明的灰白色，这是它的特征。它融合性较差，涂多了的话会使脸色暗白，因此许多朋友不喜欢这类防晒产品。但它的成分较天然，通过皮肤表面的反射达到防晒效果，与有机紫外线阻断剂相比它的刺激度较低，所以我比较鼓励敏感性皮肤的朋友使用这类防晒产品。

有机紫外线阻断剂（防晒原理为化学防晒）是通过化学成分吸收紫外线，以减少到达皮肤内的紫外线，它包含了除"氧化锌"和"二氧化钛"之外的大部分防晒成分。有机紫外线阻断剂不像无机紫外线阻断剂那样成分天然，它经过了各类成分的融合，在吸收紫外线的过程中也会对皮肤造成一定的刺激。但它的融合性较好，也不会出现白浊现象，并且还有啫喱型、乳液型、喷雾型等多类产品，可供选择的范围很广泛。

整理一下有效阻挡紫外线入侵的方法：

- 比起用昂贵的产品只舍得薄薄地涂一层，不如选择平价产品厚厚地涂上一层。不要心疼用量。
- 日常底妆产品也选择具有防晒效果的吧。
- 请尽量在出门前 30 分钟涂好防晒产品。
- 不要过分信赖 SPF 指数。为了更高效地防晒，最好每隔 2~3 小时重新涂一次防晒产品。
- 在日晒较严重的地方，最好戴上宽沿的帽子或打一把遮阳伞。
- 有防水效果的防晒产品在浸水后也最好再重新涂一次。
- 冬天的滑雪场上白雪能够反射紫外线，并引起较严重的皮肤问题，应更加注意。

化妆品**挑选指南**

　　世界上有数不清的化妆品。这对于刚要开始学习化妆的朋友来说，是件相当复杂又头疼的事情。一起来看看化妆之前要了解的化妆品购买基础知识吧！

1. BB 霜 VS 粉底

　　我们在初学化妆时一般都会选择 BB 霜。BB 霜用了一段时间后我们会想要学习真正的化妆，这时最关心的产品当属粉底了。但粉底涂上之后我们又会发现它有着厚重的妆感，从而陷入对化妆的恐惧和对适合自己的化妆品无从把握的苦恼中。但是，认为粉底厚重的想法绝对是一种偏见！

　　相反倒是很多 BB 霜比粉底更容易涂出妆感厚重的效果。BB 霜中特有的青黑色成分会在稍不注意时使脸色显得浑浊不清。它的色号也不像粉底一样有很多种，一般只有一两个色号，所以有时很难找到匹配自己皮肤色调的 BB 霜。而粉底的色号则多种多样，并且它从润泽型到亚光型的产品无所不有，选择的范围很广。这么说并不是劝大家不要买 BB 霜了，最近市场上销售的 BB 霜只是名字叫 BB 霜而已，实际上它已经和粉底相差无几。所以选择 BB 霜也好，粉底也好，适合自己的就是好的。

2. 眼影盘 VS 单色眼影

　　不少朋友把一个多种颜色的眼影盘买回家，却常常只用其中固定的几个颜色。初学化妆的朋友只买基础眼影（或用来打阴影的眼影）和点状眼影这两种就足够了。点状眼影不要买不带珠光的亚光型产品，最好选择带有光泽并容易显色的。但是珠光过于明显的产品，它的使用手法很难掌握，会让人对化妆失去信心，所以我也不太推荐这类产品。

3. 不要泪眼闪烁的妆容

　　在眼睛底部制造出闪闪发光的效果，又叫"泪眼闪烁妆容"，画得不好的话很容易就显得土里土气。这种化妆法在初学化妆的初中生和高中生里很常见。我要说的并不是这种泪眼闪烁妆容是错误的化妆方法，而是希望大家不要过分地去表现这一点！在画泪眼闪烁效果的眼妆时，不要用太白的眼影，最好换成柔和的粉色或象牙色等金色系眼影，会让妆容更加自然靓丽。

4. 眼线笔要跟着化妆风格走

眼线笔的晕开度从弱到强依次是：【铅笔型】→【啫喱型】→【液体型】。首先，铅笔型的眼线笔会有些许晕开，但它使用方便，还可以画出淡淡的烟熏效果。其次啫喱型眼线笔，它比铅笔型稍难掌握，它的晕开度更强，一般用来蘸啫喱的眼线刷是需要单独购买的。液体型眼线笔是使用难度最大的，但眼线液干了之后是丝毫不会晕开的。眼线液的使用比较灵巧，只在眼角部分轻描几下也很好。

5. 不要刻意挑战假睫毛

去化妆品专卖店会看到各种各样的假睫毛在售卖。但是我们看到的假睫毛和把它粘到眼睛上的效果是不一样的。大部分初学化妆的朋友为了达到漂亮美观的效果总是会选择一些效果不自然的假睫毛。假睫毛看似简单，但需要考虑到个人的眼型、期望的造型以及出席的场合，所以朋友们不要随意选择戴假睫毛出门，因为初学者很容易就会被人看出来是戴了假睫毛。

假睫毛的睫毛末端很细，睫毛数量和形状也各不相同，尽量选择比较丰盈的假睫毛为好。

6. 选择显色度不高的腮红

对于初学化妆的朋友来说，显色度高的腮红是个大难题，万一没有控制好取粉量，腮红颜色太重，再遮盖会很麻烦。所以比起显色度太高的腮红，不如选择显色浅的多刷几次，以此来控制腮红的取粉量。想要青春明亮的妆容，最好选择没有珠光的亚光型腮红，而有珠光感的腮红会让皮肤显得健康平滑。在选择有珠光的腮红时请注意不要选珠光太稀散的，比起珠光腮红，更好的选择是有光泽感的腮红。

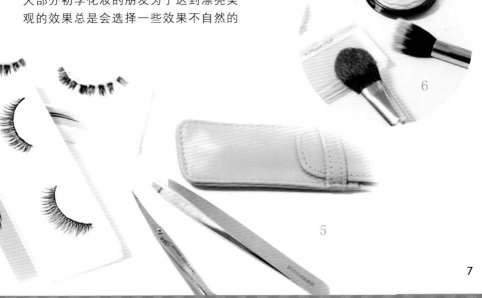

6

5

7. 高光和亮粉先放一放吧

在化妆过程中，高光和亮粉是非常繁琐的一个部分。我们很容易在网上找到关于在面部打高光和打亮粉位置的图示，然后就没有头绪地跟着学起来，这样并不妥。高光和亮粉并不是简单的东西，只有了解了自己的脸型和形象，以及适合自己的化妆方法后才可以让这两样东西发挥出效果。

8. 唇彩要用闪亮的，深色的、强裸色的都不要，选择最没难度的颜色吧

选择唇彩时，亚光型的会让嘴唇看上去干燥，并加深唇纹，用起来很麻烦。因此选择有闪光的唇彩用起来更容易、方便一些。

使用太深色或强裸色的唇彩，需要整个脸部妆容都与之协调，这对于初学者来说难度太大了。所以在初学化妆时，选择最普通的颜色，只要能赋予嘴唇生机就可以了。初学者在选择唇彩时，往往会忽略自己适合的颜色，而容易被唇彩自身漂亮的颜色吸引。其实唇彩本身的颜色和把它涂到嘴唇上的颜色是不一样的。这个问题你会随着化妆技术的提高寻找到属于自己的唇彩颜色而解决，所以不必为此担心。

9. 请不要冲动购买流行化妆品

化妆品的冲动购买并不是只在初学者中发生的，但这却是初学者更要注意的一点。拿买书来做个比喻，不买当季畅销书，买常年畅销书不是更好吗？

也就是说，经过多年检验仍畅销的化妆品中，有很多都是容易上手的基础产品，而初学者恰恰需要这种基本款产品。

8

冷暖肤色化妆品选择指南

买化妆品和化妆时听腻了的词是"暖肤色调"和"冷肤色调"。实际上把人们的皮肤简单地判定为冷肤色调或暖肤色调是非常困难的,过分执念于冷暖色调的判断就无法从更宽的视野去选择彩妆产品,更不会尝试更多风格的彩妆。最好的办法还是不断地进行试妆测试,从而渐渐把握属于自己的彩妆色调。下面向大家介绍如何寻找属于自己的色彩,适当参考一下会对您有帮助的。

何为暖肤色调和冷肤色调?

1 暖肤色调

暖肤色调,文如其意,即给人温暖感觉的接近于米黄色的肤色。与这种温暖感觉相配的颜色,特别是与之搭调的眼影色是棕色,会给人温柔的印象,堪称绝配。使用带有珠光效果产品的话,金色珠光比银色珠光更适合一些,唇彩的颜色也是以同样温暖感觉的珊瑚色为佳。

2 冷肤色调

冷肤色调是给人寒冷感觉的接近淡青色的肤色。虽然有苍白气息的脸色被归类到冷肤色调,但冷肤色调的特征是脸色泛红。银色、灰色、蓝色等冷色系都合适,偏冷的粉色系和紫色系也是非常搭调的。

为了方便比较我用PHOTOSHOP(修图软件)给左下图上了蜜桃色腮红,在右下图上了粉色腮红。明明是两张一模一样的照片,同一张脸,但左边用了蜜桃色腮红的脸色稍显暗黄,而右边涂了粉色腮红的脸则看上去更润白华丽了。所以这么看来我偏向于冷肤色调。

3 中性色调

中性色调既不属于暖肤色调也不属于冷肤色调,无论是米黄色还是淡青色,它似乎哪个色系都不偏向。可以说它是一个任何颜色都可以搭配的色调。

适合暖肤色调和冷肤色调的各种颜色

粉色就一定是冷色，棕色就一定是暖色吗？只局限在冷肤色调和暖肤色调的认识中而发现不了适合自己的颜色，甚至可能与之擦肩而过。那么，就来仔细确认下这些颜色吧！

1 红色

因为红色是温暖的颜色，所以很多朋友认为它是和暖肤色调相搭的颜色。但其实红色也有明快的暖红和偏于紫红色的冷红。在选择红色唇彩时，暖肤色调的朋友最好选择类似橙色的暖红，而对于冷肤色调的朋友来说，偏向于樱桃红的冷红则比较合适。

适合米黄肤色的暖红（鲜红 橘红）
适合淡青肤色的冷红（樱桃红 猩红）

2 褐色

棕色的眼妆真的只是暖肤色调的专属吗？当然不是。棕色既有适合暖肤色调的红褐色、砖红色等给人感觉温暖的颜色，也有适合冷肤色调的黑褐色、灰褐色。现在在售的大部分眼影都是适合暖肤色调的暖棕色系，而很难找到属于冷肤色调的棕色眼影。冷肤色调在挑选棕色眼影时可以选择掺入了较多灰色的褐色或者含有紫色珠光的紫灰色眼影。

暖棕（砖红色 亮红褐色） 冷棕（黑褐色 灰褐色）

3 紫色

紫色既有偏蓝的蓝紫色又有紫红色，但在韩国人们习惯于统称紫色。一般认为紫色适合的是冷肤色调，但紫色中的蓝紫色和紫红色又分别给人完全不同的感觉，所以也会经常出现觉得"我是冷肤色调所以紫色适合我"，但买回来又发现不合适的情况。因为不适合紫色而认为"看来我是暖肤色调"的想法也存在很大的误区。认为"紫色很难搭配"的原因在于不知道适合自己的紫色到底是哪种紫，并且把所有的紫色都看作一种紫。适合自己的紫色究竟是偏蓝的蓝紫色还是偏红的紫红色，或是偏灰的紫灰色，只有正确地判断好了才能降低购买的失败率。

紫罗兰色 紫灰色　　紫红色　　　玫红色

4 粉色

到现在没有读者朋友会认为粉色只适合冷肤色调了吧？在所有彩妆产品中占据最大比重的颜色估计非粉色莫属，粉色调产品数不胜数。但是粉色也分适合于冷色调的淡青色类和暖色调的米黄色类。一般加入了少许黄色的橘粉色和加入金色珠光的粉色适合暖肤色调，而明快的亮粉色和稍带紫色调的粉色比较适合冷肤色调。

暖粉（橘粉色 三文鱼粉色）

冷粉（玫粉色 桃粉色）

通过练习来把握属于自己的颜色

　　理论学习很重要，但更重要的是将理论应用到实践中。尝试过各种颜色后你会发现某一天你用了某种颜色后气色很好很漂亮。偶尔有时候别人对你的评判比你自己的评判更准确，所以如果还感到困惑的话，就听听好朋友的看法吧。她们知道你用了哪一种颜色时显得更好看，并会客观地告诉你。通过综合各种结果，你就会逐渐明白自己到底更偏向于冷肤色调还是暖肤色调。这种认识积累到一定程度，购买化妆品时你就会明确辨别出适合自己的颜色和不适合自己的颜色，从而减少购买的失误率。偶尔也会有"我是暖肤色调，居然粉色也适合我，奇怪啊！"或者"我是冷肤色调，怎么用杏色腮红也很好看啊"等疑问的朋友，不要局限在冷肤色调和暖肤色调这两个概念里，因为我们是无法将自己准确地归入或冷或暖的色调的。

眼影阴影粉的冷暖之分

　　阴影妆容指的是使用没有珠光的深色眼影使眼睛看上去具有深邃魅力的妆容。随着阴影妆容的流行，所有人都选择购买阴影粉。但把这样大名鼎鼎的东西搬回家试用后才发现"嗯，怎么看上

去这么别扭不自然？"，顿时有种坐了过山车的感觉。平时你使用冷色系彩妆比较适合的话，阴影同样也应该选择冷色的，如果平时习惯了暖色系妆容，阴影粉也同样该用暖色的，这样才能避免出现尴尬。

了解冷暖色调的代表关键词

　　如果对通过观察颜色来选择彩妆产品感到困难的话，那么选择以下色彩关键词的彩妆品就可以大大降低购买失败的概率。但某种程度上这也仅仅作为参考，最好的办法还是通过多多试用达到熟悉色调，明眼辨别的效果。

暖肤色调	冷肤色调
Warm（暖）	Cool（冷）
Coral（珊瑚色）	Mauve（淡紫色）
Orange（橘黄色）	Plum（紫色/深紫色）
Mandarin（橘色）	Pale（青白色）
Apricot（杏黄色）	Silver（银色）
Peach（蜜桃色）	Charcoal（暗灰色/深灰色）
Salmon（肉粉色）	Lavender（浅紫色）
Gold（金色）	Violet（蓝紫色）
	Greyish（灰色）

暖色系眼影阴影粉

MAC 眼影

冷色系眼影阴影粉

Bobbi Brown 眼影

11

了解冷肤、暖肤色调适合的彩妆产品

到现在为止我们了解了关于暖肤色调和冷肤色调的彩妆选择法，但百闻不如一见！参考一下下面的产品名单会更有帮助。

适合暖肤色调的彩妆产品

① Cle de Peau 蜜彩粉（12 号全金）

② Bobbi Brown 珊瑚红缤纷唇颊霜

③ Benefit 珊瑚红晕腮红

④ Missha the Style 柔雾唇膏
（fanta dream）

⑤ Ameli 眼影（婚礼派对）

⑥ The Face Shop Skinny Fit Gloss
（RD302）

⑦ Ameli 甜美钻石眼影
（芒果泡泡 smoothie）

⑧ Benefit ChaChaTint 液体腮红

⑨ Guerlain 玫瑰唇彩 （120）

⑩ MAC 腮红（style）

⑪ Benefit 糖衣炮弹蜜粉

⑫ VIDI&VICI Be Loved 眼影

⑬ Shu Uemura 幻彩腮红
（m44 蜜桃色）

⑭ Koh Gen Do 蘑菇腮红（珊瑚粉）

⑮ Lunasol 立体莹幻眼影
（05 橙珊瑚）

⑯ Innisfree 玫瑰腮红
（2 号桃色玫瑰）

⑰ Stila 眼影（粉棕色）

⑱ Stila 眼影（古铜色）

⑲ MAC 唇彩
（costa chic）

⑳ MAC 眼影

㉑ Benefit Moon Beam
修容液

12

适合冷肤色调的彩妆产品

1 Bobbi Brown 盒装唇膏（粉莓色）

2 MAC 矿物腮红（gentle 色）

3 Dior 五色眼影（029moonlight）

4 Dior 五色眼影
（089smoky crystal）

5 Lancome 3D 立体眼影
（G10 银色）

6 Make Up Forever
晶亮丰盈唇彩（9号）

7 Lancome 单色眼影（G40）

8 Make Up Forever 液体高光腮红
（13 号 light pink）

9 Lunasol 凛香眼影（03 红茶）

10 Lunasol 双魅眼影（红宝石）

11 MAC 丰润唇膏
（milan mode）

12 MAC 丰润唇膏（up the amp）

13 MAC 丰润唇膏（impaasioned）

14 Ameli 基础单色眼影（玫瑰棕）

15 The Face Shop 腮红（PK101）

16 Guerlain 复古蕾丝奢华雕花金
钻 6 色眼影（93 号）

17 Stila 眼影（维纳斯粉）

18 VOV 单色眼影（浅棕）

19 Dior 爵士俱乐部眼影
（001smoky Jazz）

20 Benefit 组合彩妆套装

21 Ameli 基础单色眼影
（巧克力棕）

22 Shu Uemura 幻彩腮红
（m33e 粉）

23 Benefit Posie Tint
液体腮红

24 Benefit High Beam

25 Innisfree 矿物腮红
（010 薰衣草）

恼人粉刺完全征服法

皮肤问题的代表"粉刺"是从毛囊生出的炎症，它一般是由细菌感染引起的。粉刺的症状是毛孔发生了小炎症，炎症部分开始变硬并逐渐增大，发展下去里面开始有脓液，脓液拱起粉刺会引起周围皮肤红肿并流出脓液。现在就让我们来了解一下令人伤脸又头疼的粉刺吧。

若突然生出粉刺，自己对照下面几点检查一下

1 月经快到了吗？

粉刺易在月经期出现，其原因是月经期体内的激素分泌发生了变化，刺激皮脂腺使皮脂的分泌量超过平时，毛囊中多种微生物尤其是痤疮丙酸杆菌大量繁殖，导致炎症发生。平时有皮肤问题的人，在这段时间问题也会加重。如果是这种情况长粉刺，那么过了月经期粉刺就会自动消失。

2 最近换化妆品了吗？

如果不是在月经期期间长出粉刺的话，那么新换的化妆品就会有很大的嫌疑。不仅是基础的护肤品，就连彩妆也有可能在不接触皮肤的情况下引发皮肤问题。看一看有没有最近刚开始用的化妆品，如果有的话就要检查一下问题是不是出在它身上了。

3 枕巾好久没洗了吗？

皮肤产生问题的话，请检查一下自己使用的枕巾，是不是很久没洗一直用着它？没有清洗的枕巾使用太久的话会感染细菌从而引起皮肤不适。如果觉得常洗枕巾太麻烦，不妨换一块干净的手巾或 T 恤放在枕头上。

4 洁面品冲洗干净了吗？

有相当一部分的皮肤问题并不是彩妆引起的，而是不正确的洁面习惯造成的。特别是很难洗干净的额头和下巴，需要用水冲很多次才可以。如果洁面品没有冲洗干净，就会引起皮肤问题。

皮肤出现问题时，最好不要用油状洁面品，而应选择抗菌性能更强的啫喱洁面品或泡沫丰富的弱酸性洁面品。如果用了洁颜油或者乳液、面霜之类的产品，一定要用洁面皂进行二次洁面。二次洁面的目的主要是把面部残留的洁面奶清洗干净。

5 子宫、生殖器、消化系统等没有异常吧？

一般认为，皮肤出现问题的话进行内调更好。脸上出现的问题跟整个身体系统有着直接的关系。保持良好的生活习惯和健康的饮食，平时多喝水，这些都非常重要。按时作息也是很关键的。

打败粉刺从点滴做起

1 尽可能减少化妆次数

想让粉刺休眠就要给面部休息的时间。我们平时所用的基础底妆也有相当多的油分，所以尽量少用厚重的产品，多使用以保湿补水为主的清透产品。出门时也尽量做到能不化妆就不要化，只要做好防晒工作就可以了。

2 粉刺化脓前不要挤

粉刺在化脓前被破坏的话，反而会更加恶化。如果有时间的话最好还是去皮肤科由医生帮忙排出脓液，但如果想在家里把它解决的话，切记一定要把手洗干净了再挤。

3 保持双手干净

在有粉刺的情况下，假如经常用手去摸它的话会引起细菌感染，从而加剧粉刺问题。实际上习惯用左手托下巴的朋友，常常左半边脸会出现问题。可以的话，尽量不要用手去摸脸，但常常不自觉这么做的话，一定要常洗手保持干净。

4 不要轻率使用抗粉刺产品

不用去管粉刺，它会自己好起来。在不了解成分、作用的情况下贸然使用去粉刺的产品反而会让情况更糟糕。所以最好全面了解，或者听听专家的意见再作决定。

5 效果很棒的湿润装饰贴

让伤口暴露在空气中，不如让它保持在湿润状态下，既遮盖了粉刺，又能好得更快。"把伤口暴露在空气中让它变得硬邦邦才会恢复得快"，这种说法已经过时了。现在我们在外面很容易就能买到这种让伤口保持在湿润状态的装饰贴。用了湿润装饰贴的话，伤口部位会一直处于水润的状态中，不会结成硬痂，并且它还能阻止细菌感染。贴了装饰贴的部分可以不化妆，它的恢复会相当迅速。在这里向大家强烈推荐这款产品。

1. 这就是效果很棒的湿润装饰贴。在药店就可以买到。

2. 打开它看一看，为了在面部使用把它做成了十分小巧的圆形。

3. 在长粉刺的部位贴上一个就可以了。贴一段时间后，会有脓液渗出到装饰贴里，装饰贴会鼓起来，容易脱落，这时再换一个新的就可以了。这样反复几次，粉刺不知不觉就消失了。但它对未成熟的粉刺是没有效果的，需要把粉刺挤破后再用它。

我自创的凡士林使用说明

　　凡士林是家家户户都有的常见用品。有很多人不知道怎么更好地使用凡士林，就干脆把它搁置一边。其实凡士林真的是一种用途广泛的万能产品，它的价格也如此低廉，真是个完美的东西呢。

1 修正晕开的眼妆

　　晕开的妆会被凡士林融化，所以用它来修正是不错的选择。

  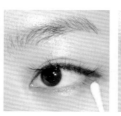

1. 在外面眼妆晕开的话，不容易修正。用水也抹不掉晕开的部分，这时就请凡士林出马吧。

2. 用棉棒蘸取少许凡士林。

3. 用蘸有凡士林的棉棒轻轻地揉擦掉晕开的眼妆，不会留下任何痕迹。

凡士林 纯净肌肤啫喱

2 与彩粉混合营造雾感腮红

　　在常用作眼影的彩粉中加入凡士林可做成具有雾感效果的腮红。

 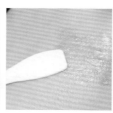  

1. 用作粉状眼影的彩粉和凡士林融合在一起后就可以做成具有亚光效果的霜状腮红。

2. 在手背倒上凡士林和彩粉，并用化妆小铲使之均匀融合。

3. 将融合好的产物涂在手背上进行试色、调和。

4. 把做好的霜状腮红涂在双颊。加入凡士林后皮肤就不显得干燥了，呈现出滑嫩水润感。

 三星唇彩（淡粉色）

防止妆容浮粉的应急处理方案

如果突然发现皮肤变得干燥，角质翘起来，化妆就成了件令人烦恼的事。在这种状态下化妆的话，妆容会浮粉，显得非常不自然。开始后悔前一天晚上没有做好护理工作，但也为时已晚。这种情况下可以进行只需 10 分钟的防浮粉应急处理。

1 用化妆棉当补水面膜

这是一种在上妆前超简单便捷的应急处理办法。

 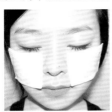 

1. 把爽肤水倒在化妆棉上。

2. 将浸有爽肤水的化妆棉敷在面部干燥部位。

3. 5 分钟后取下化妆棉。记住一定要在化妆棉干掉之前把它摘下来。在做完基础护肤后立刻上妆，可以防止浮粉发生。

2 用按摩膏打败角质

这个应急方法需要 10 分钟，它比上面的方法有更加显著的效果。

1. 首先用手取出一块按摩膏。

2. 将其均匀地涂在全脸，注意不要涂得太厚。

3. 按摩膏在面部停留 3~5 分钟后就会变成透明的水油状。

4. 用双手在脸上不断打圈，特别是在容易浮粉的鼻翼两侧，一处都不漏地打圈按摩，角质就会一点点脱落下来。

5. 把吸过水的毛巾放到微波炉里转1分钟，让它变成蒸汽毛巾。

6. 蒸汽毛巾会使用过按摩膏的皮肤变得水润嫩滑。然后马上进行基础护肤，接着再用底妆产品，角质就不来找麻烦了，化妆也会顺利地完成。

皮肤干燥，基础底妆不被吸收的情况下可以用这个方法。有重要约会前也可以使用这个方法。

每天用心一点点

　　结束一天的工作回到家中开始卸妆时是角质管理的最佳时机。这个时候稍微花费一点时间护理皮肤，就不会遇到应急状况，所以只要每天稍加用心一点就行了。

　　晚上用完洁面乳后，照一下镜子，能看到角质浮现出来。用水冲一下，拿毛巾在容易出现角质的部分轻轻地打圈，不费力气就能去掉角质。即使不搬出那些用起来麻烦的磨砂膏、去角质霜也没关系，这种方法真的非常方便，但只适用于晚上睡觉之前。若早晨角质浮现出来，即使用这个方法也去不掉角质，而且用力太猛的话反而会刺激皮肤。这样每天晚上去一点角质，就不需要再特别抽出时间来进行角质管理，还可以使皮肤一直保持滑嫩。

遮瑕膏的种类和混搭方法

为了遮瑕而将粉底涂得很厚，会使妆容变得太浓。化了浓妆的皮肤会变得不透气，妆容效果也不好。其实用最薄的妆容，只在有瑕疵的地方用遮瑕膏，才会有更好的效果。我们先来了解一下各种遮瑕膏吧。

遮瑕膏的种类

1 铅笔型黑眼圈专用液状遮瑕品

从笔尾旋转或者推动，前面刷子里就会出现遮瑕膏，笔头设计成刷子是为了方便涂在黑眼圈上。假如在眼部使用太干的遮瑕产品，就会出现干纹，显得皮肤状态很不好，所以应该尽量使用保湿性好的产品。这类产品是专门针对黑眼圈设计的，所以它具有较高的滋润性，但遮瑕力不太强，用在斑点或其他瑕疵上会力度不够。

2 棒状遮瑕品

说到遮瑕产品，一般最先想到这一类。棒状遮瑕品是坚硬的固体型，因而遮瑕力很强。但大部分棒状遮瑕品都是亚光型，用在眼周会使妆容看起来过于厚重，也易出现干纹。由于它使用简单、遮瑕力强等特点，被广泛用于遮盖痘印、斑点等较明显的瑕疵。

3 蘸棒型遮瑕品

这是处于液体遮瑕和固体遮瑕之间的稍浓稠的霜状质感的遮瑕品。它的尾部设计类似棉棒，可以用来点在脸部，但棉棒往往容易一次蘸取过多遮瑕霜，所以最好先把它抹到手背，再用刷子蘸取涂在脸上。

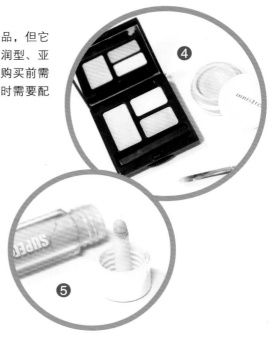

4 盘状遮瑕品

盘状遮瑕产品也属于固体遮瑕品，但它比棒状遮瑕品发展更成熟，包含滋润型、亚光型、强遮盖力型等多种产品，在购买前需要分辨清楚。盘状遮瑕产品在使用时需要配备遮瑕刷。

5 粉末状遮瑕品

它是像粉饼一样经过压缩的产品，遮盖力相当不错。但如果在亚光皮肤（即只用了粉底的皮肤）上使用粉状遮瑕的话，会使被遮盖的部分显得突出，所以它比较适合最后一步用散粉或粉饼来完成化妆的朋友。

如果没找到自己心仪的遮瑕产品，那就 DIY 一下！

1 加入乳液制成滋润型遮瑕品

如果没有找到自己满意的遮瑕产品，那就亲自来做一下。将用起来生硬又无光泽的遮瑕产品中加入补水霜，就能提高它的延展性，呈现水嫩效果。不过加入过多补水霜会使遮瑕产品的遮盖力大大下降，一定要注意用量的调节。

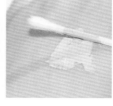

1. 把无光泽的遮瑕霜涂在手背上，再涂上少许补水霜。

2. 将遮瑕霜和补水霜完全融合在一起。

3. 无光泽的遮瑕霜就变身水润遮瑕霜了。

② 两种遮瑕产品叠加在一起发挥各自特长

手头上有多种遮瑕产品，但每种产品都有不足之处的话，就把两种遮瑕品混合在一起，取长补短。下图中左边的液体遮瑕膏含水度高，遮瑕力不足；右边的固体遮瑕膏遮瑕效果很好，却没有光泽。那我们就把两种产品混合在一起试试看吧。

1. 用刷子蘸取液体遮瑕膏倒在手背。

2. 将蘸过液体遮瑕膏的刷子放入固体遮瑕膏中混合。

3. 把混合后的液体和固体遮瑕膏抹在手背上，调节用量后使用。

③ 和粉底一起做出自然色彩

如果现有的遮瑕产品和所用粉底液的颜色差距太大，就在遮瑕产品中加入自己正在使用的粉底吧。这样配合粉底颜色的新遮瑕产品就诞生了。另外，没有光泽的遮瑕产品，加入一点粉底也会变得润泽有生气，用起来很方便。

④ 两种遮瑕品混合在一起做出自己想要的颜色

手头的遮瑕产品，若一个颜色太深，一个颜色又太浅，想要中间颜色的话，不需要购买新产品，只需要把两个遮瑕产品混合到一起使用就可以了。

向大家推荐的遮瑕产品 / 遮瑕刷

Innisfree 矿物黑眼圈遮瑕液 SPF15： 专门针对黑眼圈的遮瑕产品，含有细微的珠光使眼底看上去闪亮，保湿度强，不会渗入皱纹中，也不会产生干纹。

Innisfree 矿物完美遮瑕膏： 盒状遮瑕产品，遮瑕力度够强，与肌肤的附着力强，持久度也很好。但由于遮瑕力太强，其光泽度稍弱。它是一款质量优、容量大、价格低的高性价比产品。

Piccasso 遮瑕刷 proof09： 刷头的造型宽而扁，尾部刷毛聚集，刷毛质感柔软，对中等大小的瑕疵也十分好用。

Piccasso 遮瑕刷 401： 刷毛细薄且紧密，对于小瑕疵可以细致地遮盖。笔刷弹性强，能接触面部任何瑕疵部位。

裸妆遮瑕的**技巧**

很多人都拥有一支遮瑕膏，却不了解如何正确使用它。前面我们学习了 DIY 自己满意的遮瑕膏的方法，下面我们就学习如何打造一个遮瑕效果好的妆容吧。

遮瑕前需要了解的几点

1 黑眼圈遮瑕要提亮，瑕疵遮瑕要变暗。

眼底明亮了才能给人明快的感觉，所以给黑眼圈遮瑕应该使用色号较浅的遮瑕产品。相反在给瑕疵遮瑕时使用色号较深的产品才能达到更好的效果。

2 现在还是用手把遮瑕膏拍开吗？

遮瑕膏的基本使用方法是把遮瑕膏涂到瑕疵部位然后迅速用手轻拍开，但这种做法其实并不能有效遮瑕。用手拍开遮瑕膏的话，遮瑕膏都被拍掉了，瑕疵很容易再次露出来，最终很容易出现用了遮瑕膏但仍未起到遮瑕效果的状况，所以还是要用遮瑕刷来遮瑕更好。

3 不要把面部每个瑕疵都遮盖掉。

不要追求完美地把脸上所有瑕疵都遮盖掉。当然太明显的瑕疵是需要遮盖的，但留几处小的斑点不去掩饰会使妆容看上去比较清透，也更自然。

4 遮瑕膏不是万能的。

全脸很多部位都涂上厚厚的遮瑕膏反而会使皮肤看上去糟糕，只要适当地进行遮瑕就可以了，遮瑕膏应该以用量最少为原则才能打造出健康美丽的肤色。

遮盖小斑点

1. 在涂遮瑕产品之前先要把粉底液涂好，然后再用遮瑕膏来遮盖小斑点。

2. 用遮瑕刷蘸取少许遮瑕膏后，轻轻按在每处小斑点上。

3. 虽然已经盖上了遮瑕膏，但是遮瑕的痕迹太明显。这种状态下稍等1分钟，让遮瑕膏变干。这个时间可以继续进行其他部位的化妆。

4. 遮瑕膏变干后，用遮瑕刷把遮瑕膏边缘刷开。若用手去摸脸上的遮瑕膏会把它摸掉，瑕疵又一次显露出来，所以一定要用遮瑕刷把遮瑕膏的边缘晕开，直至看不出边界。

化妆前　　　　化妆后

5. 就像用PHOTOSHOP（修图软件）处理过一样，打造出了完美遮瑕的裸妆效果。

遮盖大斑点

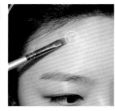
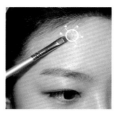

1. 现在我们来把稍大一点的较深色斑点掩饰一下。

2. 用遮瑕刷蘸取遮瑕膏涂在斑点上。

3. 还是同样等1分钟，等遮瑕膏变干之后把它的边缘部分用遮瑕刷晕开。

4. 这个斑点比较大，颜色又深，用过一遍遮瑕膏后还是没能完全掩盖住。

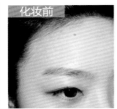

5. 找一只用于小斑点的刷毛细密的遮瑕刷，蘸取遮瑕膏后在没能遮盖好的部位小心翼翼地再刷一遍。

6. 稍大一点的斑点就这样顺利完好地被遮盖住了。

在斑点之外的其他部位使用遮瑕膏

1 眉骨处

一般是在眉骨处打上亮色眼影粉作为高光，其实用遮瑕膏代替眼影粉也可以，这样会使眉毛看上去更整洁。

2 鼻梁处

鼻梁上常常使用带珠光的高光，但注意鼻部毛孔粗大的人用高光的话会使毛孔变得更明显。使用遮瑕膏既能提高鼻梁广度，又能把毛孔掩盖住，达到高光的效果。

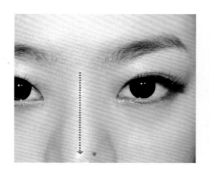

3 嘴角的唇线

嘴角的唇线不明显的话看上去不美观，用遮瑕膏来把唇线整理一下吧。

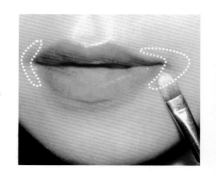

用化妆工具上粉底吧

大部分朋友最慎重挑选的美妆产品就是粉底了，要考虑粉底的色号、遮瑕力、保湿力、持久力等均符合自己的要求才会购买。但您知道吗？同样一款粉底，用不同的上妆工具上妆就会出现不一样的效果。如果您对自己现有的粉底感到不满意的话，请尝试换一种化妆工具来用它吧，说不定会惊叹"原来这款粉底这么好用啊"！

粉底刷

用粉底刷只蘸取非常少量的粉底也能涂开相当大的面积。它可以展现清透的妆容，因此适合用来刷粉底液，打造出润色的雾感妆容。初学者对它的用法不熟练，很容易留下刷痕。把喷雾喷到刷头上，提高刷子的延展性，就不会留下刷痕了。如果还是出现刷痕的话，就把刷毛在脸上压成圆形，轻轻刷几下。虽然湿润过的刷毛会使粉底的遮盖力有所下降，但它能让皮肤显得更加水嫩。

粉底刷的特点

· 可以打造轻薄透亮的肌肤。
· 不会出现粉底结块或妆容太厚的现象。
· 使用手法不熟练的话会出现刷痕。
· 用喷雾打湿刷毛可以营造出雾感妆容效果。
· 不会像海绵一样吃妆，不会造成粉底浪费。
· 对皮肤角质刺激小。

🎎 向大家推荐的粉底刷

Piccasso-FB15： 用优良的人造毛制成的粉底刷，刷毛丰满，刷在脸上是有力且有弹性的感觉。虽然刷毛本身并不厚，但其尾部设计成尖形，就连鼻翼两侧等细微的地方都能照顾到。

Piccasso—F15

上妆海绵

虽然被粉底刷抢走了很多风头，但最近的上妆海绵有了多种多样的新产品，再一次回归人们的视线。

上妆海绵的特点

- 上妆海绵的最大缺点是会过多地吸收粉底。
- 在用上妆海绵时，由于它的粉底用量比粉底刷要多，会使妆容显得浓厚，一定要注意这点。
- 可以用来擦遮瑕力、服帖度较好的粉底。
- 价格比粉底刷便宜。
- 用来擦固体粉底或霜状粉底效果更好。
- 海绵湿润后务必把它挤干再用来上妆，这样既可以缓和角质，又能打造出水润肌肤。

向大家推荐的上妆海绵

Ameli–cream chou baby pink 海绵：它由 100% 适合粉底、隔离上妆用的材料（NBR，nitrile buradience rubber）制成，弹性非常好。它不同于我们常见的海绵形状，而是水滴形，手容易握住，并且下面最宽的部分和上面的尖头都能用。底下又圆又宽的部分是用来给全脸上妆的，而细尖部分则适合用在细微部位。和一般的海绵一样它也是没有棱角的，这种圆乎乎的造型在上妆时不会留下海绵印，这也是它的优点之一。

Ameli–cream chou baby pink 海绵

气垫粉扑

据说某品牌产品中的粉扑因为很适合擦粉底而变得大名鼎鼎。每个品牌对它的叫法不同，一般统称为气垫粉扑。它有插手指的系带，用它轻拍在脸上感觉非常细嫩柔软。

气垫粉扑的特点

- 有插手指的系带，用起来很方便。
- 质感细嫩，有弹力，皮肤感觉舒服。
- 它容易蘸取较多的粉底，使妆容厚重。所以最好的方法是把少量粉底点在脸上几个部位，再用它晕开。
- 如果用它在脸上推粉底的话，会使角质浮现，因此用它轻拍会比较好。
- 不管用哪种化妆工具，最后用粉扑在脸部按压几下都会使妆容更服帖。
- 上完粉底后，用沾过水的粉扑再轻拍一遍，就会打造出像煮熟后剥了壳的鸡蛋一样有光泽的皮肤。
- 粉扑在商场就能买到，即使品牌不一样，产品也基本大同小异，所以购买哪个品牌都没关系。

毛孔粗大女生的化妆方法和产品推荐

随着年龄的增长，看着自己脸上日渐明显的毛孔，总有种渴望时间倒流的想法。有人说"如果可以重来，我一定不用鼻贴"，但却挽回不了毛孔粗大的事实。别担心，如果做到下面几点，即使不能完全缩小毛孔，也可以在一定程度上用妆容把毛孔覆盖掉。

遮盖毛孔的方法

1 杜绝浓妆

为了遮盖毛孔而把妆化得厚厚的只会起到反作用。刚化完时会觉得效果不错，但几小时后底妆产品会渗入毛孔，完美的妆容也就此泡汤。所以还是建议化清透的妆，只在毛孔比较明显的地方多遮盖一点就好。

2 节制使用亮颜霜或高光

毛孔粗大的面部如果整体涂上了亮颜霜，只会让毛孔变得更加明显。在毛孔问题最严重的T区打上高光也会让毛孔们更嚣张。因此，如果必须要用高光的话，就用在几乎看不到毛孔的C区吧。如果一定要把高光用在T区，就不要选择带珠光的高光，最好是用比自己的粉底亮一个色号的遮瑕霜，既能遮住毛孔，还会使妆容更自然。

3 不要带闪的妆容，要细微亚光的妆容吧

光泽度高的妆容会反射光，就如同用过亮颜粉一样使毛孔变得明显。化妆要结束时在毛孔明显的部位用散粉或粉饼按压几下会好一些。

4 用妆前乳把毛孔填充上吧

为了遮盖毛孔，改变一下使用化妆品的习惯吧。妆前乳的使用，不要用涂抹的方式，改用手指轻轻按压的方式吧，像把它填到毛孔中一样。

5 妆前乳不要用在全脸，只少量用在局部吧

为了修饰毛孔而在全脸使用妆前乳，会使脸部变干，化妆有结块。一般毛孔在鼻子和脸颊部位比较明显，所以只在这些地方用妆前乳就可以了。

6 用刷子将散粉、粉饼轻刷在脸上

散粉和粉饼只要用在显眼的部位就可以了。用刷子蘸取散粉或粉饼，轻掸一下去掉多余的粉，拿起刷子用刷毛尖在脸上轻扫，有种把粉末放入毛孔中的感觉就对了。这么做不会浪费很多粉，又可以很简单地打造出遮瑕毛孔的裸妆效果。

向大家推荐的遮瑕毛孔的优秀产品

Lotree- 奇迹妆前乳：这是一款膏状妆前修饰产品。用手指蘸取少量妆前乳使用，既有很好的毛孔遮瑕效果，又不会使妆容结块，很不错。

Koh Gen Do- 底妆遮瑕霜（绿色）：这是一款绿色妆前底乳。它具有自然的修容效果，更重要的是，这是我用过的最好的毛孔遮瑕产品。在使用粉底前，像用高光一样把这款产品涂在面部中央部位，然后再上粉底，脸色会非常好，毛孔也不见了。

Benefit- 留声机干湿两用粉：这是一款固体粉底。缺点是几乎没有遮瑕力，用起来也比较干。但它非常适合用来隐藏毛孔。虽然也可以全脸使用，最好在上粉底之前用在毛孔明显的部位。用粉底刷将它轻轻扫开，然后再使用粉底。

Make Up Forever-HD 散粉：这是一款毛孔遮瑕的明星产品。无色透明的粉起不到遮盖瑕疵的效果，却可以用来掩盖毛孔，吸收脸部多余油脂。它既可以用粉刷来刷涂，也可以在用散粉的步骤中像用妆前乳那样用手轻轻地按压在毛孔明显的部位。

Benefit-"你好！无瑕"完美无瑕粉饼：这是一款包含了粉刷和粉扑的粉饼。但是自带的粉扑和粉刷质量并不好，所以还是另外配备比较好。粉刷的使用如前面给大家介绍的一样，用刷毛尖轻轻地在脸上扫几遍就好。

让皮肤休息一下，
毫无负担地展现素颜

　　有时候不想从头到尾化好妆再出门，但直接出门的话又没有自信展示自己没有化妆的脸。这时就来个裸妆吧。所谓的裸妆，就是化过了妆却像没化过一样，而不是把化妆步骤省略了的真正的素颜。裸妆的关键在于皮肤看上去水润健康，虽然做了修容处理，但在别人看来就像没有经过任何人工修饰一样自然润泽。

1. 在面部涂上让肌肤水润嫩滑的补水隔离。

Innisfree 矿物质补水隔离

2. 两颊用没有珠光感的柔和的亮颜霜来提亮气色。

Chosungah Luna 凝胶隔离

3. 用含水量高的液体遮瑕产品把黑眼圈和鼻翼两侧的红斑修饰一下。

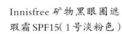

Innisfree 矿物黑眼圈遮瑕霜 SPF15（1号淡粉色）

4. 用手轻拍涂在脸上的遮瑕霜，使它延展开。这种妆容的目的不在于完美遮瑕，而在于把黑眼圈和鼻翼两侧的红斑遮盖住，所以不需要太仔细的步骤，只要用手轻拍几下就可以了。

5. 不用粉底，用几乎没有遮瑕力、只有修容润色作用的保湿修容霜涂在全脸。

Lotree 亮颜保湿修容霜

6. 用手轻拍直至保湿修容霜被皮肤吸收。

让皮肤呈现高贵光泽

　　雾感皮肤是指看起来有"细微亚光"感，但绝不干巴巴的皮肤。雾感皮肤与水感皮肤或蜂蜜感皮肤不同，它看起来像是没有水分，但实际上皮肤需要保持嫩滑的状态才可以达到这种效果。如果说水感皮肤和蜂蜜感皮肤给人一种Q弹嫩滑的健康感觉，那么雾感皮肤则给人一种高贵之感。

1. 在全脸用亮颜霜提亮气色。

SU:M 炫感亮颜霜

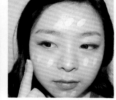

2. 把粉底液点涂到除鼻子以外的双颊、额头、下巴等部位。

这种方法很容易超量使用粉底，一定要注意控制用量。

Lancome 光感奇迹水亮保湿粉底霜（OC-01）

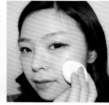

3. 用上妆海绵把刚刚点过的粉底涂匀。

这一方法并不是用海绵揉擦，而是利用手腕的力量以轻轻按压的方式来涂匀，这样才不会使角质浮现出来，不会造成妆容结块。

4. 用海绵上残留的粉底给鼻子部位上妆。

鼻子部位用太多粉底容易造成花妆，所以这个部位的妆要尽量少量、轻薄。

5. 用蘸有珠光感散粉的刷子轻扫全脸，赋予其细微的光泽感。

6. 用歌舞伎式粉刷蘸取刚才的散粉在额头和下巴等部位多打几圈。

7. 在T区和C区打上高光，一个雾感妆容就完成了。

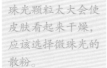
珠光颗粒太大会使皮肤看起来干燥，应该选择微珠光的散粉。

含珠光的产品要多上几次才会使其光泽感更生动。

Make Up Forever 闪亮粉饼（3号flash）

Lotree 矿物亮颜美肤散粉（21号）

如涂上蜂蜜般的
细致光泽感皮肤

　　细致 Q 弹的皮肤是最近的主流妆容。所谓蜂蜜感皮肤，得名于它水嫩润泽就像涂过蜂蜜一样。蜂蜜感皮肤的根本在于充分地补水！只有让皮肤喝足了水，才能打造出看起来水嫩润泽的蜂蜜感皮肤。另一个关键是它不用珠光感的产品来营造光泽，而是通过皮肤本身的健康气色来展现。

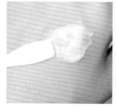

1. 充分做好基础护理，给肌肤充足的水分。并把水润的亮颜霜和补水精华混合在一起。

MAC 润滑霜 +Elkurn 完美复活修复霜

2. 把混合了补水精华的亮颜霜点在面部几个部位。

3. 用喷雾打湿过的上妆海绵将面部亮颜霜推开至全脸。

4. 在全脸喷上保湿喷雾。

Elkurn 水活精华喷雾

5. 用手轻拍面部使喷雾被完全吸收。

使用喷雾时，如果喷到脸上就让它自己风干的话，反而会因为水分的蒸发而带走面部肌肤的水分。正确的做法是喷完后立即拍打使之被吸收，然后涂上保湿霜。

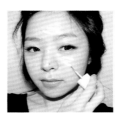

6. 在使用粉底前先用高光。把液体高光点在额头、鼻梁、双颊和下巴等部位。

在上粉底时加入适量高光可提高珠光色泽感，打造柔和淡雅的润泽肌肤。

Benefit Highbeam
粉色高光修饰液

7. 高光也要用喷雾湿润过的上妆海绵来延展开。

粉底刷被喷雾喷过后会提高粉底的延展性，并能防止出现刷痕，使皮肤呈现水润光泽。

8. 在粉底刷上喷保湿喷雾。

9. 用粉底刷将含水度高的液体粉底轻轻薄薄地刷于全脸。注意不要用粉饼或散粉。

Koh Gen Do 水润粉底液

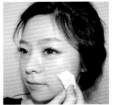

10. 用海绵蘸取霜状腮红由双颊中心向四周由深及浅擦开，打造出自然光泽的红晕。

VDVC 彩妆造型盒（02 派对造型）

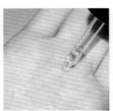

11. 因为要打造的是水润弹滑的妆容，所以一定要使用霜状腮红才能体现这种韵味。

12. 往掌心倒入面油，双手对搓至温热。

 Innisfree 纯橄榄面油

13. 双手捂住脸，用手指将面油轻轻揉压进皮肤，增加润泽气色。

14. 在需要进一步增加光泽的部位涂上少许凡士林。这么做既能提高保湿力又能使脸部光泽更富生气。

凡士林只能用少量且用在极小范围内。使用范围太大会造成花妆。

 凡士林纯净肌肤啫喱

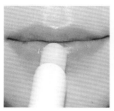

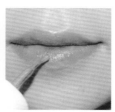

15. 在唇部涂上无色润唇膏作为保湿打底。

16. 在润唇膏之上加一点唇彩，使唇部看起来色泽饱满。

 Uriage 无色润唇膏

先涂润唇膏再用唇彩，会降低唇彩的显色度，但可以对唇部起到保护作用。

面部屋脊——眉毛的干练修整法

干练且漂亮的眉毛会使整个人看起来干净整洁。不进行修理的杂乱无章的眉毛会使人看上去没精打采，印象分会降低，可见眉毛的修理是相当重要的。比起用各种眼影费尽心思地打造眼妆，修理完善的眉毛更能让好感度提升。

修理眉毛前简单了解一下

1 眉毛是刮好，还是拔好？

刮也好，拔也行。不过拔眉毛会看起来更干净，眉形也能保持得更久。用刮眉刀刮眉毛的话，会与眉毛周围的皮肤发生摩擦，刮出毛屑，而且还会留下刮过的痕迹，因此还是拔眉毛更好一些。

2 最大限度地保留眉毛原形

对着镜子仔细看一下眉毛，它们并不是任意生长的，而是有一定的形状。无视眉毛原形，人为地将其改造成自己想要的模样，不如最大限度地保留它们的原形，效果更漂亮自然。

3 根据个人的脸型来确定眉毛纹路

眉毛也是随着时代发展而有不同潮流的。很久之前流行的眉形是像海鸥那样细长的样子，而现在更倾向于稍粗一点的一字眉。眉形对面容的形象至关重要，所以不可以盲目地追随流行。打造与自己的脸型相符的眉毛纹路是非常关键的。

4 不必费心地让两边眉毛对称

每个人的一对眉毛都不是完全一样的。所以若将两侧的眉毛修得天衣无缝，非常对称，就很容易被认为是假眉毛。不必太在意眉毛是否完全对称，只要保证眉心处眉毛的生长起始点高度一致，再依照两边眉毛各自的生长纹路，进行效果最自然的修整就可以了。

查看修眉工具

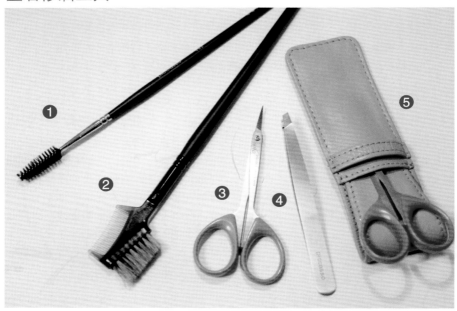

❶螺旋眉刷（Piccasso-402）：梳理眉毛使用的眉刷。在画眉之前梳理一下眉毛，眉毛纹路会变得整齐一致，不会结成团，便于画出漂亮的眉毛。对于已经画好的眉毛出现凌乱的情况，也可以用这种眉刷梳理几次，整理出漂亮的眉毛色彩。

❷眉毛整理刷（Piccasso-719）：用来自然地整理眉毛的工具。用刷子部分捋一遍眉毛，就能确定眉形；再用塑料部分梳一遍眉毛，就能找出下面乱长的部分。然后用修眉工具把乱长出的眉毛修理干净就好了。

❸修眉剪（Piccasso- 粉色修眉专用）：用来剪掉多而长的眉毛。

❹修眉夹（Piccasso- 银灰色）：又叫眉镊，用来拔眉毛，修整出干净漂亮的眉形。

❺保管修眉剪／修眉夹用的迷你包（Piccasso- 印第安粉 W）：用来修眉毛的工具，无论单独放在哪里，其尖头都会受到磨损，甚至受损不能使用。最好是把它们放在专门的小包里，保管携带都方便。

修出整洁漂亮的眉毛

1. 很久不修的眉毛又长得杂乱了，要重新把它修得干净漂亮。

2. 在修眉之前先要用螺旋眉刷梳理一下眉毛。眉头的眉毛要将眉刷放于水平位置向上拉伸梳理。

常梳理眉毛会有助于它漂亮地生长，因此最好在修眉前或画眉前梳理一下。

3. 眉毛中间到眉尾要顺着眉毛生长的纹路沿斜线梳理。

4. 尽管每个人的眉形不同，但一般都是修整成眉毛下部近似直线、上部有角度的形状，这样很好看。

只有用螺旋眉刷把眉毛梳理完好了才能修出更好看的眉毛。

5. 用螺旋眉刷把中间部分的眉毛提起来就能看到下面杂乱生长的眉毛，用眉夹把它们拔除。

如果不用这种提起眉毛拔除的方法，而用眉刀刮掉的话，眉毛中间部分就像被截断了一样，显得不自然。

6. 假如眉毛过长，可以用眉刷的塑料部分按纹路梳理，露出来的多余部分用眉剪剪掉。

7. 眉弓部分残留的眉毛用眉夹拔除。

8. 拔除影响整体形状的多余眉毛，使眉形更漂亮。

9. 拔除两眉中间的眉毛，仔细清理干净。

10. 用眉刷和眉夹修理后，没有人工痕迹、自然漂亮的眉毛就完成了。

让眉毛和眉形都充满生机的**画眉法**

眉毛杂乱、稀疏的话会使整个人看起来毫无精神。在画眉之前需要了解的一点是，接下来这种方法其实是"填充眉毛"而不是"勾画眉毛"，比起人工痕迹过重的画眉法，把眉毛空缺的部分填充上，使之看起来丰满才是更重要的。为了自然地填充眉毛并赋予其生机，应该使用斜线画眉法。

1. 首先像前面学过的那样用螺旋眉刷整理一下眉毛。

Missha 完美造型眉笔（黑褐色）

2. 用眉笔将眉心处的眉毛沿其生长纹路以向上提拉的方向画出。

3. 再用螺旋眉刷把刚刚画完的部分沿相同方向梳理一下。

4. 从眉毛中间到尾部，用手斜握眉笔，手腕不要用力，轻柔地顺着眉毛纹路以斜线方向填充。

5. 斜线画完后，上方残留的眉毛用眉刷左右来回揉搓几下，使眉毛看起来更自然。

6. 色泽不均匀的地方用螺旋眉刷重新梳理，使眉色均匀。

7. 用刷子蘸取盒状眉粉，在不够丰满的地方再填充一下。

若用眉笔把眉毛都填充好，会造成眉色过重，效果不自然。在不足之处用眉粉填充会使眉毛看起来更丰满，也更加自然。

Innisfree 有机自然眉粉

化妆前

化妆后

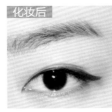

8. 前后的效果比较图，眉毛的形状和纹路都被保留下来了，画完的效果是眉毛更加浓厚、自然了。

选择阴影粉的小贴士

大家都听说过"阴影妆容"吧？阴影妆容的流行要归功于韩国演员韩艺瑟。对化妆品或化妆感兴趣的朋友一定都看过"韩艺瑟的阴影定妆照"吧。其实在韩艺瑟之前就已经有阴影妆容了，但把它定义为"阴影"是才没多久的事情。在选择阴影粉之前我们先来了解一下什么是阴影妆吧。

何为阴影妆容？

在了解阴影妆容之前我们先要知道什么是阴影。字典上的释义为"阴暗的影子"。所谓的阴影妆容就是既不太深也不太浅、使眼眸具有深邃感觉的妆容。阴影妆容的重点就是要使用眼影。

选择阴影粉的小贴士

下面我们来了解一下选择阴影粉的方法。有的朋友要疑惑了：这个也要有选择方法？是的，只有不厌其烦地挑选出适合自己的阴影粉，才能化出自然的阴影妆容。

1 选择不含珠光的产品

阴影粉应该选择没有珠光的亚光产品。所谓阴影，字面意思就是自然勾画出带有影子的眼眸，含有珠光的眼影会使妆容显得不自然。要选择的是涂上眼影后也像似涂非涂一样有隐约光泽的这类产品。

2 不要太深的颜色

初次选择阴影粉时最容易犯的错误就是买了太深太浓的产品。本身阴影是用来轻轻延展在眉弓处的，用太深色的眼影会使效果看起来不是阴影，而是大浓妆了。在眼部使用阴影粉时不能出现太多失误。因为我们想要的效果是像用过眼影又像没用过眼影那样隐约又微妙的眼眸感觉，所以最好选择比自己肤色稍微深一点的颜色，才能完成自然漂亮的阴影妆容。

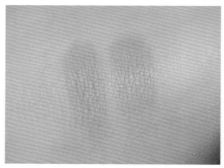

③ 选择不带红色素的颜色

阴影眼影不像普通眼影那样在眼部小面积地使用，它是用在整个眉弓处制造出影子效果的产品，所以最好不要选择带有红色素的颜色。带红色素的颜色会使眼皮看起来浮肿，这就违背了阴影妆的初衷了。选择不带红色素、颜色柔和的棕色系就会降低失败率。

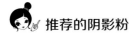

推荐的阴影粉

阴影粉是不需要另买的。如果您手头有跟我刚才介绍的要求相符的产品，就可以用来作阴影粉使用。大家也许会在正使用的眼影盘中发现适合用作阴影的色块呢。这次向大家推荐的是可作阴影使用的两款单色眼影。

❶ MAC– 单色眼影（soba）：soba 在阴影粉中的名气之大，可以说如果化妆的人不认识 soba，用尽眼影也枉然。我们说选择阴影粉最好选不含珠光的产品，但极具讽刺意味的是，soba 这款眼影是含有珠光的，但它却没有呈现出我们所想象的那种珠光光泽，它本身就是十分细微的珠光，而且涂上后珠光几乎看不出来，与亚光型的眼影几乎无异。它的颜色会越涂越深，所以很容易掌握深浅。向第一次购买阴影的朋友推荐这款产品。

❷ TonyMoly– 水晶炫彩单色眼影（14 号卡布奇诺）：与 2 万韩币（约合人民币 120 元）MAC 眼影 soba 的价格相比，这款产品只要 3500 韩元（约合人民币 20 元），相当平价。我觉得它是值得一买的眼影单品。卡布奇诺是几乎不带珠光的亚光色，和 MAC 的 soba 放在一起对照一下，发现卡布奇诺稍有些偏红。这款眼影的颜色非常美貌，但它的显色度也很高，很容易变浓妆，所以一定要在手法上多加注意。尽管这一点稍有遗憾，但与同价位的产品相比，它在品质和色彩上均是独胜一筹的。

适合上阴影的粉刷

前面我们说过了，阴影的选择是颜色温和的好过浓厚的。那么在涂刷阴影时，我们应该尽量选择刷毛力度又弱又软、刷体较宽的天然毛产品。柔软的天然毛能以其自然含蓄的触感来为眼影上色，可以很好地呈现出色彩。太有力又稍硬的毛对色彩的展现会有局限性，并不适合用来上阴影。

Piccasso 化妆刷 206a, 207a

阴影也要有浓淡层次

一般眼影根据涂的次数，其深度也会逐渐增加，比起按照眉弓处的明暗来上阴影，不如以双眼皮线为方向越来越深地渐变来画更好。再用眼影刷在眼窝处轻柔地铺垫一下，最后用手指在双眼皮褶上涂一层阴影就完成了，方法很简单。

不要突出眼线

阴影眼妆的目的在于深化眼影的色泽感，如果加重眼线的话就会使它变成普通的眼妆了。用铅笔型或啫喱型的眼线笔在内睫毛间轻轻点缀式地填充一下就可以了。假如不小心把眼线画深了，就用刷子或手指将其轻揉开，使之与眼影自然地融合在一起。

提高眼妆质量的化妆刷种类和用途

初学化妆时一般都用手来完成，现在想要更进一步的效果的话就要使用化妆工具了。化妆刷可以打造出比手更加细致丰富的妆容效果。

简单了解眼妆用的化妆刷

1 刷毛的大小

最好是根据眼影的用量来选择化妆刷刷毛的大小。较大较宽的刷子适合和眼影基本色一起用于眼部较宽范围的眼部打底，尖而小的刷子则起到画龙点睛的作用。又圆又软的刷子的特点是上色明显，但容易飞粉。而形状窄、刷毛硬的刷子基本不会飞粉，适合用在小面积的用色上。

2 刷子并没有固定的用途

每种刷子都有一个固定名称，一般都是按照名称上的用途来使用刷子，但并不是完全如此。用过的眼线刷用于遮瑕效果也不错，所以用它当遮瑕刷也是可以的。根据使用者自己的感觉化妆刷会发挥各种各样的作用。

3 天然毛 VS 人造毛

没有必要非天然毛不选。在很多人气品牌中也有不少天然毛所达不到的高品质人造毛产品。选择化妆刷时，是要天然毛还是人造毛，其标准在于使用的目的和要求。一般天然毛的力度较小，触感轻柔，刺激小，因此具有显色自然的特征。所以它适合用在不需要太高显色度的眼部打底或阴影部分。人造毛比天然毛的力度更大，弹力更强，所以最好用它来刷色彩浓厚的高显色度眼影或眼线。但在全脸使用的刷子还是以柔软且刺激小的天然毛产品为佳。

化妆刷的种类与用途

用于眼部打底的化妆刷：

眼影刷以柔软不刺激皮肤的产品为佳。特别是在眼部打底时需要自然地显色，就更要使用柔软的刷子了。需提醒的是宽而扁的刷子不会造成飞粉。

Piccasso-207A

用于色彩点缀的化妆刷：

刷头的形状是扁扁的，刷毛力度较强，用于深色产品的上色不仅没有飞粉现象还会有明显的显色效果。作为适合用于色彩点缀的一款刷子，它可以用于眼线的刷涂以及眼底眼梢部分的晕染。

Piccasso-239S

用于调和的化妆刷：

这是一款刷体浑圆，尾部渐尖的刷子。它可以让中度色或深色的眼影不结块，更好地融合在一起，适用于双眼皮间的阴影部分。太有力又硬邦邦的刷子很难打造出没有界线的过渡效果，所以尽量选用力度较小又柔软的刷子。

Piccasso-208

用于烟熏眼妆的化妆刷：

与调和用的化妆刷形态类似，但它的刷毛力度更强，弹性也更好，是非常适合用于强烈色彩点缀的一款刷子。可以用它在双眼皮线上刷出浓烈的色彩。

Piccasso-200

用于眼线的化妆刷：

用来刷啫喱状眼线膏的一款刷子。这类刷子尽管有各种各样的产品，以斜线型的刷子使用最为方便，可以连眼角都不落地刷出完美眼线。眼线刷的毛太粗劣的话会使眼睛受到刺激，感到疼痛，所以一定要选择刷毛柔软、刺激小的产品。

Piccasso-722

用在下眼线的化妆刷：

这是毛量稀薄，相当精致迷你的一款刷子。它既能巧妙完美地防止眼线产生尾巴，又能用来画下眼线。稍有弹性的产品比太过柔软的产品更能打造出细致整洁的妆容。

Piccasso-401A

刷子的简单清洗方法

· 最好用温热的水来清洗刷子。

· 可以将刷子放在水里用清洗剂漂洗，但最后冲洗时一定要用流动的水。

· 干燥刷子时不要把它放在潮湿或阳光直射的地方，最好是放在阴凉处，铺在毛巾上进行风干。

基础眼影的画法

要想化出适合自己的眼妆，首先要对眼部进行充分地打底，了解眼影的基本使用方法，才能更容易学习各种方法的变化，从而化出更精彩的眼妆。

1 不要让眼影色彩之间出现分界线是最基本的原则！

所谓过渡就是"色彩由浅入深逐渐变化"。过渡也是对所有眼妆的基本要求。

  （第三张图）

1. 这就是眼影画法不当的例子。两个颜色之间界线太明显的话，会显得相当不自然。

2. 假如眼影出现了明显的分界线，我们可以用圆形的子弹头状眼影刷蘸一点中间色的眼影在分界线处来回揉擦，使两个颜色自然融合在一起。

3. 原本明显的界线消失了，两种颜色融合到一起形成了自然的过渡。

2 最基本的眼影画法

打底色、中间色、深色，三类颜色的眼影运用是最基本的。在此基础上才能打造出更多风格的眼妆。

1. 把用来打底的眼影涂抹在眼窝处。

2. 打底色眼影最好在内眼角和卧蚕处也涂上一些。

3. 如图在稍窄的范围内涂上中间色眼影，注意不要在两色之间形成分界线，要打造出自然的过渡效果。

4. 在卧蚕的中间部分也适量涂上眼影。

上眼影时，刷子最先接触的皮肤部分是显色度最高的，因此要注意适当减少手腕的用力，使颜色与颜色之间不要出现明显的分界线。

完成

5. 深色眼影要刷在图中椭圆范围内。

6. 眼睛下部的图示部分也要稍涂上眼影使之与双眼皮线的深色眼影自然地衔接，也使眼睛看起来更细长、深邃。

采用与上述方法相反的顺序（深色重点→中间色→打底色）来涂抹也是可以的。

画眼影的**更多方法**

熟悉了眼影的基本画法，现在我们可以使用更多方法来画眼影了。这些方法依然以色彩之间不出现生硬的分界线为基本要求。

方法 1

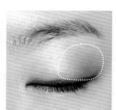

1. 将打底色涂在图示部分。

Stila 雪国笔记本眼影（白昼）

2. 眉弓处分成两半，将中间色涂在图示部位，并使之与基底色形成自然过渡。

3. 如图所示，在稍窄的范围内涂上深色眼影，在眼睛外部打造阴影效果。

方法 2

1. 将打底色的眼影涂在眼球最凸出的中央部位。

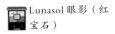 Lunasol 眼影（红宝石）

2. 在图中标示的眼球部分涂上中间色眼影。制造出从两边向中间逐渐变浅直至消失的过渡效果，中间色与打底色之间不要出现明显分界线。

3. 用深色眼影打造出更深邃的阴影效果，使眼眸更具立体感。

方法 3

1. 将打底色眼影大范围地涂在眉弓处。

 Dior 魅惑五色眼影（549 仲夏啡金）

2. 在图示的标注范围内涂上中间色眼影。

最好用尾部是圆头的烟熏妆眼影刷来涂刷。

3. 将深色眼影涂在图中标示的部分。

 MAC 单色眼影

眼妆基础——填充内眼睑

把睫毛间的内眼睑填充上颜色也是眼妆的基本。单眼皮的情况可以不用这样，但如果是双眼皮，或者睫毛上翘露出部分内眼睑的话就要使用眼线笔将这些空隙填上。不论多么用心画眼影，如果这部分是空白的话，整个眼妆的质量都会大打折扣。不用化其他眼妆，只在睫毛缝隙处填充上眼线的话也会让眼睛自然变得大而亮，睫毛也显得丰满了。

1. 用手指提起上眼皮，看到睫毛缝隙中的眼睑。用眼线笔将图中标示的白点部分填充上。

2. 眼睛向下看，从眼球中间开始，将睫毛间隙一一填充。因为有睫毛的阻碍，我们不可能一笔把眼线画完，不如将眼线笔稍稍倾斜，在眼睫毛间隙一点一点地填充，这样少量多次地完成眼线的描画工作。

3. 稍稍提起内眼角，将睫毛间的空白处也分别填充上。

Make Up Forever 眼线笔（OL）

4. 这样睫毛的眼线填充工作就完成了。

必须熟练掌握的**铅笔眼线描画法**

熟练掌握眼妆的必经过程是铅笔眼线描画法。学会了这个方法，离成功的眼妆就不远了。

画上眼线

1. 画眼线时最好把镜子放在下方。

2. 从眼球中部开始画眼线更容易一些。

3. 再从内眼角处向中间慢慢移动眼线笔。只有这样慢慢地描画才能使眼线不偏不斜，效果干净漂亮。

4. 再从中间部分开始向外眼角慢慢描画。

5. 若到这步就完成眼线的描画，图中白点线范围内的眼线并不利索，很容易显得杂乱。

6. 用食指指腹像画曲线一样将外眼角处杂乱的眼线整理干净。

7. 这样原本混乱的眼线就整理得干净利落，眼线妆也完成了。

画下眼线

1. 画下眼线时最好用手指将下眼皮轻轻往下拉。

2. 下眼线的画法和上眼线类似，也是从中间开始比较好。

3. 轻拉内眼角将下眼睑填充圆满。

4. 将下眼线全部填充上直至外眼角处。

5. 在图示的部位也填充上眼线。如果画下眼线的话，这部分就是上下眼线衔接的部位，只有填充上才能显得更自然。

6. 如果颜色画得过深，可以用棉棒轻轻地揉擦，使之自然地淡开。

完成

这个部位用眼影刷蘸取眼影粉涂上，妆效更持久。

Make Up Forever 眼线笔（OL）

清晰干练的下眼线画法

并不是只在画烟熏妆时才能画下眼线。华丽色彩的眼影需要突出醒目的眼眸，这种情况也是需要画下眼线来配合完成整体妆容的。

1. 首先用棉棒将下眼睑周边的油脂吸收干净。

2. 在图中标示的范围内涂上打底色眼影。

画下眼线之前先涂上眼影的话，眼影会吸收皮肤油脂，形成亚光效果。可以用这个方法防止眼线晕开。

3. 用极细的刷子蘸取眼线膏，轻拉下眼皮，将眼线涂在下眼睑的中央部位。

眼线膏比眼线笔具有更好的防晕开效果。

4. 这个步骤的要点是不要一次性完成眼线，最好用刷子沿图示的箭头方向来来回回地轻刷。

完成

5. 从中央部位向眼角处逐渐移动刷子，填充空白部分。

6. 从中央部位向眼角处逐渐移动刷子，填充空白部分。

7. 从中央部位向内眼角方向轻描出眼线。轻拉内眼角使其内部全部被眼线填充上。

 Banilaco 眼线膏（自然黑）

53

简单认识假睫毛

几年前还只有华丽型假睫毛，而如今各种自然风格的假睫毛产品已经不新鲜了。正因如此，化妆时使用假睫毛的人也越来越多。在我们正式开始学习假睫毛的粘贴之前先来了解一下有关假睫毛的几点常识吧。

假睫毛的种类与特征

1 任何时候都能使用的自然日用型

日用型假睫毛的睫毛量与睫毛长度均不夸张，可以胜任校园、职场等场合下的任何一种妆容。既可以整个使用，也可以剪下一部分来使用。

2 比日用型更华丽浓密的夜用型

夜用型假睫毛比日用型的睫毛量和长度均更夸张华丽，但它并不会使妆容不自然。上学、上班时可以使用，见朋友、参加聚会时使用妆效会更完美。

3 使眼睛变得又圆又大的中间长型

这类产品的特点是中间部分的睫毛最长，会使眼睛变得像洋娃娃一样又大又圆。

4 华丽的派对型假睫毛，拍摄海报用的假睫毛

这类产品在日常生活中基本是用不到的。相当夸张的造型和相当夸张的长度是它的特点。适合用在夜店等特殊场所。

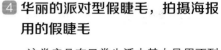 

5 拉长眼睛，突出性感眼角的假睫毛

眼角型假睫毛非常适合烟熏妆，它可以使眼睛变得媚长、性感。特别是眨眼间会有无与伦比的韵味。这类产品有眼角睫毛加长和只在眼角粘贴两种类型。

6 插空粘贴在睫毛间的睫毛束

有一种在盒子里分多层装的粘在睫毛缝间使用的产品，我叫它们"睫毛束"。它可以打造拉长睫毛的效果。用镊子夹取一束睫毛使用即可。这种睫毛束不会有粘贴的痕迹，效果非常自然。大家可以根据自己的喜好来使用它。

7 用在下睫毛的眼底假睫毛

眼底假睫毛是给下睫毛过短的人使用的一款产品。作为日式学生妆的必备产品，眼底假睫毛会使眼睛变得如洋娃娃一般大而圆。这类假睫毛应该选择粘头像钓鱼线一样透明的产品，才能打造出自然的效果。比起整个粘贴在下睫毛处，不如截取一部分粘上更自然。

选择适合自己的假睫毛前先要思考的几点

眼睛的大小： 选择假睫毛时最重要的一点就是要看眼睛的大小。小眼睛的人用了太长太浓密的假睫毛会把眼睛遮挡住，使双眼看起来毫无生气，甚至比原来更小了。所以不得不说，大眼睛的人比小眼睛的人在假睫毛的选择上范围更广，种类也更丰富。

想要什么效果： 一定是心里期待着某种妆容效果才会使用假睫毛。是想要看不出粘了假睫毛的自然效果，还是想要看出一点痕迹的华丽浓密型效果，是想要适合职场氛围的效果，还是想要夜店或派对氛围的效果，根据这些需求的不同，所要选择的假睫毛种类也不同。

Q&A

关于假睫毛的问答

问 假睫毛是一次性的吗?

答 人工假睫毛不是一次性的。根据使用者对它的保养程度,也可能成为半永久性的产品。虽然尽量不要在假睫毛上刷睫毛膏,但如果刷了睫毛膏就先将假睫毛摘除,再用棉棒蘸取眼部专用卸妆液一点点擦去睫毛膏,最后用棉棒蘸洁颜水再擦拭一遍即可。把处理干净的假睫毛放入假睫毛盒内,这样每次都清洗如新的假睫毛可以使用很久。

问 贵的假睫毛就一定好吗?

答 当然,贵一点的产品确实比两三千韩元(约合人民币 15~20 元)的产品在质量上更胜一筹。请看下面的图片。左边是 10000 韩元(约合人民币 65 元)的产品,而右边的产品只要 3000 韩元(约合人民币 20 元),粗略地看一下也能知道质量上的差别吧?左边这款产品睫毛量更丰富,效果也更自然,睫毛纤细,和真睫毛在一起难辨真假,粘贴带也很细薄,粘贴起来几乎看不出痕迹。而右边这款产品,一眼就看得出它是人造的吧,它的睫毛很粗,在光照下会发散出浑浊的光,更重要的是它的粘贴带很粗糙,很容易就露出粘贴的痕迹。

当然个人喜好有所不同,喜欢右边这款产品的朋友也不在少数。不过为了达到自然无痕的效果,多花一点钱买到质量更好的产品似乎更好。反正假睫毛不是用一次就扔掉的产品,自然的假睫毛应该毛梢越来越细,毛量呈现出自然的丰满,毛的形状不规则,不会反射太多光线,粘贴带细薄等。

问 假睫毛应该粘贴到什么位置？

答 粘贴假睫毛一定要在最接近睫毛根部处像种草一样按压上去，只有这样才不会露出痕迹，才能很好地防止其脱落。若使用睫毛束还可以粘在假睫毛下的内眼睑部位。

问 假睫毛胶水可以用附赠产品吗？

答 嗯，可以的。不过附赠的胶水一般质量不太过关，粘贴力不足，甚至会对眼部造成刺激，因此尽量不要使用。想让假睫毛用得更久一些就不如选择假睫毛专用胶水，在这里向大家推荐"DUO"这款产品，既有很强的粘贴力，又容易卸除。

问 该用什么工具粘假睫毛？

答 粘假睫毛时，镊子等小工具比手更好用。特别是被剪裁成几段的假睫毛用镊子、夹子等来配合粘贴可以完成得更细致。

问 粘假睫毛时两端总会耷拉下来是怎么回事？

答 假睫毛两端总会翘起来甚至掉下来，是假睫毛与自己的睫毛长度不符造成的。如果粘贴了比自己眼睛还要长的假睫毛，两端的粘贴力不够导致其很容易脱落。在粘贴假睫毛之前先观察一下自己的眼睛，将假睫毛剪成与自己眼睛相当的长度再粘贴为好。如果这么做仍没有改善的话，那就是假睫毛粘贴带太硬的原因了。要选择粘贴带柔软易弯曲的产品才能保证其长时间不脱落。如果还是不行呢？那就是两端的胶水没有涂好。假睫毛两端一定不留任何空隙地用胶水仔细涂好。

问 假睫毛为何总跟自己的睫毛不能融为一体？

答 在粘假睫毛前先用睫毛夹夹一下自己的睫毛。只有用力地夹几下使其上翘才能防止真假睫毛的不融合。夹完睫毛后粘上假睫毛，再用睫毛夹将它们一起夹一下，或者刷上睫毛膏，就不会出现不融合的情况了。

假睫毛完全征服，
各种粘贴方法介绍

前面我们解决了关于假睫毛的所有常识，现在就将进入实战阶段啦！假睫毛可以用来打造不同风格的眼妆造型。掌握了假睫毛的使用方法还能帮助矫正眼型哦！

粘贴整个假睫毛

1. 首先对比一下自己眼睛的长度和假睫毛的长度。把假睫毛放在眼睛下进行比较，将其裁剪至比自己的眼睛稍长一点即可。

2. 把镜子放在眼睛下方，像刷睫毛膏一样眼睛向下看。

这么做才能看得到睫毛根部，才能将假睫毛粘贴到离睫毛根部最近的部位。

3. 图中白点画圈的末端部位容易脱落，一定要仔细涂好胶水。

4. 稍等几秒，胶水稍变干时粘贴力最强，用镊子夹起假睫毛中部。

5. 将假睫毛从中部开始按压上去，像是把粘贴带种到睫毛根部的感觉。要从中央部位开始固定，这样假睫毛才不会前后偏倚，定位准确。

6. 将前面部分的假睫毛顺着自己睫毛的方向固定上去。

7. 剩下的后面部分也按照同样的方法沿自己睫毛的方向固定上。

8. 粘贴完毕，用镊子夹着假睫毛向睫毛根部轻轻推入，每一处都轻推几下使其完全固定。

9. 如假睫毛粘得下垂，可以用手像刷睫毛膏一样将其向上拨几下，使假睫毛自然翘起。

Piccasso 假睫毛（37 号）

将假睫毛剪一半用来突出眼尾

剪断

1. 用剪刀将睫毛一剪为二。

2. 将剪好的假睫毛毛较长的一端粘贴到眼尾部位。

3. 从不太到瞳孔的部位开始，按照图中示范将假睫毛粘贴在眼尾部。

完成

完成

4. 只粘一半假睫毛，其效果会不自然。用睫毛膏将真假睫毛衔接之处涂刷几下。

Piccasso 假睫毛（37 号）

将假睫毛剪成多段使用

1. 用剪刀按照图中红点线的标注将假睫毛剪成若干段。注意把睫毛交叉部位剪断的话会使睫毛脱落，因此尽量在睫毛没有交叉的空隙部分裁剪。

2. 挤出少量胶水。

3. 用镊子夹住假睫毛将粘贴带部位蘸足量的胶水。

4. 像图中示范的那样将睫毛一束束地粘贴上。可以选择从眼睛中央部位开始，也可以选择从眼尾开始。

Piccasso 假睫毛（37号）

间隔使用剪好的假睫毛束

1. 如图所示，对剪好的假睫毛进行隔段选择。

2. 在眼睛中央部位粘贴一束假睫毛。这种方法从中间开始粘贴更容易些。

3. 像图中示范的那样留出适当的间隔，以中央部位的睫毛为基准向两侧逐一粘贴。

4. 以同样的方法再向两侧粘贴一次。

完成

Piccasso 假睫毛（37号）

用剪下的睫毛束修饰眼尾

1. 只选取睫毛最长的几段使用。

2. 如图所示，在眼尾部位粘贴上假睫毛。

完成

Piccasso 假睫毛（30号）

用剪下的假睫毛修饰下睫毛

1. 使用假睫毛的话，最好在下睫毛也使用，使整体视觉平衡。

2. 剪下假睫毛尾端最短的两段。

3. 在白点标注的两个部位粘贴假睫毛。下睫毛的粘贴和上睫毛方向正好相反，要将假睫毛倒过来粘贴上。

完成

Piccasso 假睫毛（37 号）

用睫毛束打造逼真自然睫毛

1. 首先在眼部没有任何彩妆的情况下用睫毛夹夹睫毛，使之卷曲。

2. 如图中白点标示的那样，将8mm睫毛束小心翼翼地插空粘贴在睫毛之间。

3. 这是将17束8mm睫毛束全部粘贴到睫毛处的效果图。因为没有画眼线，所以能看得到睫毛缝隙间的空白眼睑。

4. 轻轻提拉上眼皮，将空白的眼睑一一填充上。

Clamue 眼线笔

5. 用眼线笔填充过后眼睛更加自然。

6. 8mm 虽然不算长，但丰厚的睫毛量与原来的真睫毛完全融为一体，不化妆的时候使用它是非常不错的选择。

Piccasso 自然睫毛束（8mm）

使用前

使用后

一束束地剪取，一束束地粘贴上的睫毛束，可以赋予睫毛自然延长的神奇效果，有 8mm，10mm，12mm 三款产品供选择。

用睫毛束提升睫毛的纤长度和浓密度（8mm+10mm）

1. 先用眼线笔将眼睑部分全部填充。

2. 像图中标示的那样，将 10mm 的睫毛束有间隔地粘贴上。

3. 在粘好的 10mm 睫毛束空隙处粘上 8mm 睫毛束，睫毛两端也用 8mm 睫毛束粘贴。

4. 这就是 8mm 和 10mm 交替粘贴后的效果图。

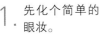 Piccasso 自然睫毛束（8mm+10mm）

5. 从侧面看，比只粘贴 8mm 睫毛束更具纤长效果。

如果觉得只用 10mm 睫毛束不自然的话，可以同 8mm 睫毛束一并使用，效果更自然。

用睫毛束打造逐渐纤长的华丽睫毛（8mm+10mm+12mm）

  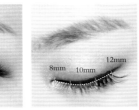

1. 先化个简单的眼妆。

2. 在眼尾处粘贴 5 段 12mm 睫毛束。

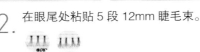

Piccasso 自然睫毛束（10mm+12mm）

3. 中间部位用若干段 10mm 睫毛束，眼角内侧用几段 8mm 睫毛束。

4. 使用了 5 只 12mm，8 只 10mm，5 只 8mm 睫毛束的效果。左图是使用前的样子，右图是使用后的样子。逐渐增长的睫毛在眨眼间会呈现特别的韵味。

5. 这种逐渐增长的假睫毛粘贴法特别适合眼睛较长的朋友。这种粘贴法与烟熏妆非常搭调，即使眼睛不是很长的朋友，也可以用这个方法来增加眼睛的长度。

使用前  使用后

用睫毛束打造向眼尾过渡性变长的效果

1. 如图片所示，在眼尾 1/3 处粘贴 10mm 睫毛束，向前粘贴 8mm 睫毛束。

Piccasso 自然睫毛束
（8mm+10mm）

2. 8mm 和 10mm 睫毛束共同打造出向眼尾自然过渡增长的效果。

使用前  使用后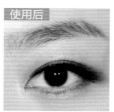

腮红的分类及特征，
了解适合自己的腮红

通常大家都只重视眼妆和唇妆，而对腮红却不怎么在意。其实腮红是使眼妆和唇妆融为一体，并打造整体妆容的重要部分。下面我们来了解各类腮红的特征，寻找属于自己的腮红吧。

不含珠光的亚光腮红

没有珠光的亚光型腮红给人粉嫩、明亮、清纯的感觉。像蜡笔一般柔和可爱的色调更能显现出亚光的魅力，非常适合柔滑的亚光皮肤。

Shu uemura 单色腮红

适合工具：毛质柔软的圆形刷

腮红刷的毛太硬不仅会扎皮肤，而且上色也不够匀称，因此要选择软毛刷。软毛刷可以防止上色过重，刷出柔美自然的好气色。不要用刷子末端蘸粉，要用整个刷子大面积地蘸取腮红粉并轻轻地扫在双颊上。比起太大或太小的产品，圆头且弯曲度好的刷子是最好的选择。

含珠光的光泽腮红

含有珠光的腮红会给脸增加光泽，使皮肤看上去健康润滑。但若用在毛孔问题严重或凹凸不平的面部就会凸显皮肤问题，这一点需要我们注意。选择这类产品时，细微珠光的产品更能为皮肤增光添彩。

MAC 矿物腮红

适合工具：让珠光更美的平底刷

这是一款能让任何产品都发出柔和色彩的刷子。用刷毛末梢蘸取腮红，轻轻刷在双颊，不会出现色块，可以呈现出清透润滑的色泽效果，用刷子反复刷几下会使珠光更完美地呈现，打造皮肤的润滑光泽。

MAC 平底腮红刷

膏状腮红

把膏状腮红用在干性皮肤上会使其呈现水润自然的气色。一般可以用手蘸取腮红膏点在双颊，或在双颊打圈涂抹开。其实用工具来上腮红膏更加方便。

Stila 膏状腮红

适合工具：化妆海绵或腮红刷或粉扑

用手涂抹膏状腮红的最大难题之一就是其延展性不好会造成色块凝结或上色太重。如果对用手涂抹腮红感到困难重重的话就用化妆海绵来试试吧。用海绵蘸取腮红轻轻点在双颊，就能展现出柔和水墨画般的色泽。海绵的缺点是它会过多吸收腮红产品造成浪费，但它比手指更容易打造出自然延展的色彩。用粉扑上腮红膏也是不错的选择。将粉扑小面积蘸取腮红后轻拍在双颊，不仅有优秀的附着力，还能为皮肤打造出润滑光彩。也有膏状腮红专用化妆刷，它与粉底刷看似一样，但比粉底刷更窄小一些。达到一定技巧的朋友可以用这种刷子上膏状腮红，但对于化妆初学者而言还是用海绵更容易一些。

化妆海绵我推荐 Ameli 的产品。整体上它是没有棱角的流线型设计，既可以用来上粉底，也能用其宽大的部位蘸取膏状腮红后轻轻拍打在双颊，很容易就做出从中央向周围逐渐过渡的漂亮腮红效果。

Ameli 婴儿粉水滴状海绵

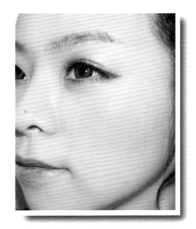

腮红
也要有过渡

以前化妆时，腮红用刷子蘸取后随便在脸上涂几下即可。但现在不可以了，除了眼妆，腮红也讲究过渡效果了。腮红要从双颊中央向周围逐渐变浅，没有明显的分界线才最漂亮。在上腮红之前还要记住一点，先要使眼底有光泽才能使腮红呈现出更完美照人的色彩。

膏状腮红的使用方法

1. 用手指蘸取膏状腮红后点在脸颊最中央。

 Bobbi Brown
腮红（珊瑚粉）

2. 用手指从脸颊中央以画圆圈的方式向周围轻轻拍打。

3. 假如出现了分界线，用没有蘸过腮红的干净手指在分界处轻轻打圈直至分界线消失。

烘焙型腮红的使用方法

1. 用腮红刷蘸取腮红后，像图中示范的那样轻柔地扫在脸颊较大范围上。

 MAC 矿物腮红
（gentle）

2. 再用腮红刷以打圈的方式刷在比上一遍面积小的范围内，打造过渡腮红效果。

69

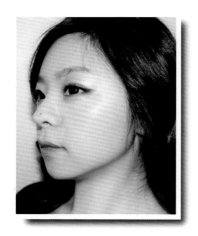

让皮肤由内而外如水彩画般
水润的腮红

　　这个方法可以呈现出非人为的自然红润效果，就像双颊上呈现柔和的水墨画一般惹人爱，比粉状腮红更能展现出皮肤的健康光彩，妆效持久度也更胜一筹。

液体腮红的使用方法

1. 在上粉底之前先涂上液体腮红。

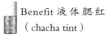

Benefit 液体腮红
（chacha tint）

2. 趁腮红结块前迅速用手指将其延展开。涂成比较土气的深红最好。

3. 用刷子将水润的粉底液轻薄地刷在全脸。

Koh Gen Do 水润粉底液（PK-1）

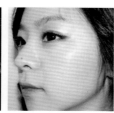

4. 左图是用过液体腮红的效果，右图是用完液体腮红后又覆盖上粉底液的效果。明显右边的效果更自然柔和。

在上粉底液之前先涂上腮红可以防止其结块，这个方法对掌握不好液体腮红如何使用的朋友是非常有用的。

你想知道的修容粉的一切

现在正掀起修容粉的热潮，几年前对于非专业化妆师的普通人而言，轮廓修饰还仅仅停留在高光阶段，而现在普通人也开始使用修容粉了。使妆容变得更无瑕美丽，这就是修容粉的功劳。

为何总是用不好修容粉？

用好修容粉的关键在于"少量、多次"地将其轻扫在面部。其实"少量、多次"这个原则也不仅仅适用于修容粉，它亦是所有化妆方法的根本。如果让人一眼看得出用了修容粉，那这个妆容毫无疑问是失败的。使用修容粉并不是把大脸缩小很多，也不是让下巴变成瘦削的V字形，它是为了让面部的棱角变柔和而打出的自然柔美的阴影，太过贪心只会造成失败。

如果你的颧骨很高，努力用修容粉去遮盖它，结果颧骨反而更突出了是怎么回事？其原因就在于修容粉的过量使用。过量使用修容粉非但不能弥补面部的缺点，反而会让缺点变得更加突出。因此，用修容粉做出最自然的效果是相当关键的。另外，修容粉和高光共同使用效果会更出色。在凹陷的部位和凸出的部位用修容粉和高光共同修饰，会使面容更加柔美自然。

每个人的长相和脸型都不一样，所以在网上看到一种方法并熟练掌握用在自己脸上，其实并不科学。重要的是在了解了自己的脸型、优缺点之后再配合使用相应的修容粉和高光。因此，轮廓的修饰比眼妆唇妆更需要准确把握。

修容粉挑选小贴士

修容粉热潮兴起还没有多久，很多朋友对于修容粉的选择仍处于困惑状态。在选择之前要做好充分的准备，要想选出最适合自己的修容粉，先来了解关于修容粉的几点常识吧。

1 选择比自己肤色稍稍深一点的颜色

选择比自己肤色深许多的色号是挑选修容粉时最容易犯的错误。当别人看到你时会说"看，她用了修容粉！"，这就意味着你的妆容失败了。最好的状态是似用非用的感觉。如果选择了太深的色号，妆容就像舞台妆一样显得很假，所以我们要选择比肤色稍微深一点点的色号才能使修容粉发挥出含蓄自然的美肤效果。

初次购买修容粉的朋友很容易选择左下图这个颜色，回家试用后自己都要吓一跳。我们应该选择的是比自己肤色稍深一点的右下图的颜色。

2 选择显色度不强的产品

很多朋友不敢用修容粉的原因是之前我们说过的选错了色号。用刷子轻蘸一点扫到脸上，脸色立刻暗淡下来，从此便不敢再用修容粉。其实除了不能选择色号太深的产品之外，还要注意不要选择显色太好的产品。那种刷了一遍又一遍后才会显现出一点上色痕迹的产品是最佳的。只有这样的产品才能让我们自信自如地使用修容粉。

3 选择不带红色素的产品

选择修容粉时注意避开红色素也是很关键的一点。带红色素的修容粉会使脸像烤熟的地瓜一样泛起土气的红光。

4 选择不含珠光的产品

修容粉要的是自然融合的效果，所以不要选择含珠光的产品。修容粉作轮廓修饰时需要在面部大面积使用，如果选择了含珠光的产品会使脸庞发出不自然的浑浊气息。不过也有部位是可以使用含珠光的修容粉的。在颧骨旁使用含珠光的修容粉，其光泽与肤色融为一体，不仅起到修容效果，还兼具腮红功能。

总而言之含珠光的修容粉可以起到修容和腮红的双重效果，但它只能用于双颊，在下巴、鼻翼等部位并不适合，这样的修容粉只能作为基础修容粉之外的附加选择。

 推荐的修容产品

Enny House Secret 修容粉饼：这是我个人最喜欢的一款修容产品。它符合之前我所提到的所有修容粉的要求。它的颜色很漂亮，并且显色度也不强，令我相当满意。通过使用这款产品我的修容技巧也得到了大大提高。

 推荐的修容刷

修容刷分为圆头刷和宽扁的斜线刷两种。圆头刷用于全脸及外部轮廓的自然修容，而斜线刷则用于脸部死角。用于全脸的刷子，动物毛比人造毛对皮肤的刺激更小，触感也更轻柔。最柔软的是松鼠毛，它的力度非常轻，很适合轻扫在全脸。花鼠毛或山羊毛比松鼠毛的力度稍强，所以它们更适合用在轮廓周围。

Piccasso 化妆刷 -103：这是一款刷柄扁平但刷毛部分丰满圆润的刷子。这款用松鼠尾巴上的毛制成的刷子相当柔软，对皮肤的刺激极小，很适合用来打造自然的修容效果，同时也可以用在轮廓的修饰上。我通常在化日常妆时使用它打造出似有非有的修容效果。

Piccasso 化妆刷 -721：天然花鼠毛制成的下列产品，刷毛力度适中，其斜线的刷毛造型用于侧脸的修容，很容易就打造出漂亮的轮廓曲线。同时它也适合用在下巴、颧骨等部位，我还常用它来完成最后的轮廓定妆。

寻找适合自己的
粉色唇彩

　　粉色是人人都有的最普通的唇彩颜色。但很多朋友却选择失败，这是怎么回事呢？粉色也有千差万别，每当看到有朋友说"我是暖肤色调，粉色不适合我"时，心里总会为她们感觉可惜。粉色并不是冷肤色调的专属，彩妆的世界里有着数不清的粉色唇彩，仔细比较就能找得到适合自己的产品。

粉色唇彩成功选择指南

冷粉 VS 暖粉

　　冷粉是给人冷艳感觉的粉色，而暖粉则是带有温暖气质的粉色。根据皮肤色调的不同，有人适合冷粉，而有人适合暖粉。想一想平时自己涂哪种粉色能使皮肤明净，在选择唇彩时就不容易出错了。

草莓牛奶粉 VS 肉粉

　　决定了购买裸粉色唇膏，却在掺入更多白色的草莓牛奶粉和与皮肤色相近的肉粉色之间犹豫不决。草莓牛奶粉非常适合皮肤白皙的朋友，而皮肤偏黄、偏暗的朋友如果擦上这个颜色就会变成嘴唇肿肿的土著人。草莓牛奶粉是个非常挑人的颜色，而肉粉色则给人平和文静的感觉。所以，肉粉显然比草莓牛奶的受众面要广得多。两者虽然都属于裸粉，但用在嘴唇上的效果却相差甚远，因此在购买裸粉唇彩时一定要认真比较，慎重选择。

裸粉 VS 艳粉

　　裸粉色适合突出眼部的烟熏妆容，而艳粉色则适合几乎不带眼妆的清纯妆容。想想自己平时更喜欢哪一种妆容，就不难作出选择了。

紫粉 VS 紫红

　　粉色中是否含有紫色也是很关键的问题，因为含有紫色的粉色唇彩，有的人明显非常适合，而有的人则绝对不适合。我非常适合掺入了紫色的紫红色，却不适合与其同属冷色系的紫罗兰粉色，因此在选择唇彩时我会特别留意是否有紫色元素在里面。我们看颜色图表会发现蓝紫色和紫红色是相当接近的，但即使是如此细微的差异也给人完全不同的感觉。

亚光 VS 光滑

亚光产品的特点是显色明显，但它容易凸显皮肤的干燥并露出细纹。相反光滑的产品显色度逊色于亚光型，但它可以掩饰细纹，出色的延展性可以打造润泽美唇。两者的优缺点都了解后再考虑自己想要的唇彩类型究竟是亚光型还是光滑型，结果就比较明确了。相同颜色的唇彩，亚光型和光滑型却能给人不同的感觉。

含珠光 VS 不含珠光

含珠光的唇彩闪闪发光，给人华丽的美感，但珠光过重的产品使用不当反而会让人觉得妆容不干净。不含珠光的唇彩则具有纯净、端庄的气质。通常在有珠光的妆容中适量选择含珠光的唇彩，使唇部散发相应光泽，而清透细嫩的妆容则更适合用稍含一点珠光的光滑型唇彩来表现。

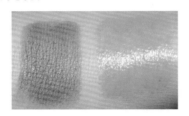

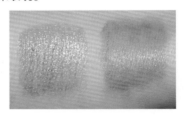

用腻了不要买新的，试着混搭吧！

手头的唇彩没到用腻的时候就想着买新的，不知不觉钱包也为此变瘪，心也很受伤。不如把已有的两种颜色混合在一起配成新的唇彩颜色，就像我们上美术课时做的颜料调色一样来给唇彩调个色吧。这个工作既充满乐趣，又能自己 DIY 买不到的漂亮颜色，做出专属于自己的唇彩。

鲜红 + 肉粉 = 文静干练的豆沙红

鲜艳的大红配上肉粉出来的颜色是文静又漂亮的豆沙。豆沙红既不像大红那么艳丽，又不是裸色，它既可以用于清纯妆，又能胜任烟熏妆，是一种相当百搭的颜色。

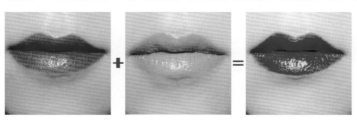

The Saem 优雅女士防水唇彩 SPF10（01 跳跃红）+TonyMoly 香吻唇彩（BE03 可可粉）

艳粉 + 裸粉 = 草莓牛奶粉

　　我曾有只购买失败的裸粉色唇膏。单独使用它的话，我变得像土著民又像部落酋长的女儿，但把它和艳粉色一起使用的话，漂亮的草莓牛奶色就诞生了。这种裸色不仅可以搭配艳粉色，还可以中和其他艳丽的颜色使其变成裸色调。

 +  =

MAC 唇膏（热情粉）+Missha 亚光造型唇膏 BE01（裸粉）

烈焰红 + 天蓝 = 神秘的酒红色樱桃唇

　　最近很流行勃垦地酒红色的唇彩。这种酒红色为红色增加了冷暗的感觉，具有吸血鬼般强烈而神秘的色彩。只涂蓝色唇彩的嘴唇看上去像是又肿又痛，又像从未来乘坐时光机来到地球的舵手一样，但把它涂在红色上面就会呈现不深不浅的自然酒红色，某些角度看还会反射出天蓝色的闪光点。假如手头有一只蓝色唇彩的话不妨拿它来试着打造这种神秘感唇彩。

 +  =

MAC 唇膏（俄罗斯红）+Innisfree Echo 唇膏（1号纯蓝）

橘子般的渐变唇妆

胭脂水的用法之一就是制造渐变效果。如果不用最常见的粉色胭脂水，用橘色唇彩也可以做出渐变效果，打造充满橘子般鲜嫩色泽的美唇。在选择橘色胭脂水时，橘黄色的产品比橘红色产品能更好地呈现橘子般娇艳欲滴的嘴唇。

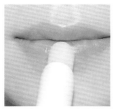   

1. 化唇妆之前先用无色润唇膏对唇部进行护理。

2. 在唇部涂上粉底或遮瑕膏，把唇色遮盖掉。唇部中央可以留着不涂。

3. 从唇部中央开始刷液体唇膏。到这一步骤渐变色唇彩效果已经显现出来了，要不要让它再娇艳漂亮一点？

 Etude House 蜜橘小姐胭脂水（2号蜜橘）

4. 将无珠光、无色的透明唇彩饱满地涂在比唇线宽1mm的范围内。

 Make Up Forever 透明唇彩

下一步要将粉底涂在嘴唇上使唇色被覆盖，先涂一层润唇膏既能滋润双唇，又起到隔离保护的效果。

 Uriage 无色润唇膏

完成

Piccasso 假睫毛（37号）

烈焰红唇唇彩的**选择与使用**

上幼儿园时总是偷偷用妈妈的化妆品涂抹着玩，那时手里最常拿着的就是口红了。看电视剧也经常能看到女主角对着镜子擦口红的镜头。口红仿佛就是女人浪漫、美丽的象征。但不论是选择口红还是用它来化妆，都不是件简单的事情呢。

选择口红前需要检查的事项

1 呈现纯净无瑕的肌肤

瑕疵较多的斑点皮肤用大红色唇彩会给人混乱的感觉。但请大家不要误会，并不是只有白皙的皮肤才能用口红，是皮肤要肤色均衡整洁才能更好地配合大红色唇彩。

2 选择口红时要考虑皮肤色调

白净肤色、偏黄肤色、偏红肤色等不同的肌肤色调应选择不同的口红颜色。一般来说白皙的肤色用任何颜色的口红都没有问题；而偏黄肤色适合冷静的酒红色或勃垦地红色；偏红肤色需要先通过底妆来调和泛红的皮肤，然后才能使用口红。偏黑肤色如果擦上暗红色唇彩的话会变得更加黑黝黝，所以更适合提亮肤色的大红色唇彩。

3 唇部去角质不容忽视

全是角质的嘴唇涂上口红简直就是自毁形象。无论哪种颜色涂到满是角质的嘴唇上都不可能好看，因此要注意常给唇部去角质，保持光滑的嘴唇才能涂出漂亮的唇彩。

口红选择法

冷艳色调的冷红 VS 温暖气质的暖红

红色分适合冷肤色调的冷红和适合暖肤色调的暖红。稍有樱桃色的冷红适合皮肤白皙的人，而相对温暖的大红色则适合用在偏暗的肤色上，有助于提亮肤色。

令人眼前一亮的亮红 VS 有内涵的暗红

令人眼前一亮的红色温暖而夺目，而感觉深沉的暗红色则是冷酷迷人的感觉。亮红色是大部分人都能适用的颜色，而暗红则是个具有挑战性的需要范儿的颜色。

 The Saem 优雅女士防水唇彩 SPF10（01 跳跃红）/Lancome 金纯玫瑰唇膏（175 号烟熏玫瑰）

热情奔放的珠光红 VS 冷静知性的亚光红

闪亮的红色令人生机勃勃，而亚光的红色则给人冷静知性的感觉。闪亮的红有减龄效果，而亚光的红则透着成熟的气质。唇部的细纹和角质都比较严重的话，使用口红会凸显这些问题，所以一定要选择水润闪亮的产品。而在妆效的持久力方面，亚光型产品比珠光型要更胜一筹。

Guerlain 一触倾心唇膏（120）/ MAC 俄罗斯红唇膏

用口红打造双颊的玫瑰红晕

1. 将口红点在双颊中央，按照之前我们学过的膏状腮红的涂抹方法，用手指将其从中心向周围逐渐过渡延展开。不用口红直接接触面部，用手指蘸口红涂抹到脸上将更加简便。

用作腮红的口红最好选择延展性佳的光滑型产品，这样才不会结块，而且易于涂抹均匀。

2. 红扑扑的娇嫩玫瑰红晕完成了。把用作腮红的这只唇膏同样用作唇彩，妆容具有和谐统一之美。

The Saem 优雅女士防水唇膏 SPF10（01 跳跃红）

嘴唇中央娇嫩欲滴的清纯造型

口红并不只代表娇艳和性感。它同样可以展现出清纯娇嫩的一面。

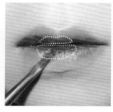

1. 用唇刷将口红轻柔地涂在唇线以内。

MAC 唇膏（俄罗斯红）

2. 再将口红深深地涂在比刚才小的范围内，娇嫩欲滴的渐变美唇就完成了。

清晰性感的唇线

　　这是最能将口红的性感魅力发挥到极致的使用方法。口红涂得又深又醒目时，要注意尽量控制眼妆，最好只画一条干净的眼线。

1. 首先将口红涂在唇线以内，从中央开始涂起。

在突出唇线的唇妆中，不能从唇线开始画起，而是先将唇线以内的部位填充圆满后再据此画出唇线。

2. 利用宽扁唇刷的宽面按照图示的箭头方向画出唇线。

画唇线时不要使用宽扁刷的扁面，要使用其宽面的大面积来填充唇部才能保证唇线不偏斜。

3. 另一面也用同样方法，利用刷子的宽面画出唇线。

MAC 唇膏（俄罗斯红）

4. 微笑使嘴角轻轻上扬，沿着图示的箭头方向画出干净整洁的下唇线。

用胭脂水给嘴唇化个妆

胭脂水是可以用在双颊、双唇等部位的多功能产品，是人手必备的好东西。胭脂水既能以相同的方法反复使用，偶尔也可以换种方法来打造不一样的唇妆。

胭脂水的基本用法

这是最基本的胭脂水涂抹方法。根据涂抹的次数和涂在唇上后停留的时间来调节其深浅。涂上之后立刻涂均匀，呈现出的是轻柔的效果，而涂完后稍待片刻，胭脂水的着色力明显增强，显色也更明显。

只使用胭脂水的话唇部会干燥，可以再涂一层润唇膏或无色唇蜜。

1. 将胭脂水刷涂在唇部中央。

2. 用手指将刚刷过的胭脂水轻轻拍打，使之均匀。

3. 唇部呈现出自然柔美的效果。

显色度太强的胭脂水柔和展现方法

有些胭脂水的显色度太强，涂在脸上就像沾了泡菜汤一样让人感觉不舒服。这种情况下一般都先用粉底或遮瑕膏将唇色完全遮盖后再使用胭脂水，它的缺点是会导致唇部过于干裂。不如将裸色唇膏和胭脂水结合使用，使唇部展现柔和自然的光彩。

1. 将裸粉色润唇膏涂在嘴唇上。

TonyMoly 香吻润唇膏（BE03 可可粉）

2. 将胭脂水在唇中央轻涂一层。

 Benefit 恰恰胭脂水

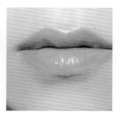

3. 这时抿嘴唇的话会使唇膏和胭脂水混杂在一起，最好嘴唇不要动，直到颜色完全附着为止。

唇线整洁唇彩艳丽的唇部妆容

这是效果堪比口红的醒目而艳丽的化唇妆方法。用胭脂水突出唇线的化妆法与口红效果无异，却比口红的持妆度更久。

1. 从唇中央开始将胭脂水涂满全唇。浸入刷毛的胭脂水先调整好用量再沿唇线填充饱满。

2. 虽然同之前的胭脂水使用方法一样，却出来令人完全想象不到的艳丽唇妆效果。

 Benefit 恰恰胭脂水

深色唇膏的青春展现

大家一定会有一只上色太深用了一次就打入化妆箱冷柜的唇彩吧。其实再艳丽的色彩也可以通过简单的方法使其变得清纯柔媚。现在就把那只被冷落许久的深色唇膏解放出来吧！

1. 这是在唇部涂上了颜色艳丽的唇彩的样子。如果觉得这种颜色令自己太不自在的话，只需要一个简单的方法就能让它变得清纯。

2. 先将颜色艳丽的唇彩轻轻点涂在唇部中央。

3. 上下唇互抿几下使凝结在一起的唇彩自然地延展开。

4. 将淡淡的嫩粉色唇蜜涂满全唇。

完成

The Saem 优雅女士防水唇膏 SPF10（01 跳跃红）

第二章
整容式化妆技巧

　　这一章的核心内容就是"整容式化妆"，通过对眼、鼻、唇、轮廓等各个部位进行整容式化妆来弥补面部不足，突出面容亮点。应用好化妆这个女人的专属武器，可以帮助你打造更具美感的自然裸妆。

人人都想过的**整容手术**

　　作为女人，谁都曾对自己的长相感到不满，想过去整容吧？在网上通过各种渠道了解整容信息、拿着明星的照片去整形医院直接洽谈，这样的经历都有过吧？但最终因为高昂的费用和对手术的恐惧，还是叹口气，死了这条心，继续用这张脸活着。其实，不用这么轻易就叹息，我们还有化妆这个强大的武器啊。

现在，化妆是整容的天下！

　　现在我们可以通过网络、电视节目等接触到各种关于美容的信息。其中化妆历来就是女人们最关心的方面，特别是近来其关注度空前提高，是女人间的热门话题。关于化妆的信息很容易就能得到，但女性朋友们并不满足于一般的化妆知识，而是希望寻找到对自己有用的知识，以提高自己的化妆技巧。不久前，高光和阴影还很难在大部分女性的梳妆台上见到，但现在几乎人手一套了。这种技术上的进步就是从单纯的化妆到用来遮盖缺点的近似整容的化妆的体现。可以弥补自己脸上缺点的这种整容式化妆，我将从眼、鼻、唇、轮廓这四个方面进行介绍，并教给大家一些在普通化妆中并不常见的化妆技巧。

一定要记住一点：化妆不是整容！

　　在我们正式开始整容式化妆之前，有一点是需要大家牢记的。在这里我们讲的整容式化妆，再怎么说它仍是化妆，大家不要期待它像做过手术一般完美哦。我们的目的就是找出自己长相上感到遗憾、不足的地方，并通过化妆来进行弥补，但如果期望太高的话，只会化出太假、太不自然的妆容。太费尽心思地去遮盖面容上的缺点，反而很容易使这个缺点变成脸上最醒目的部分。通过整容式化妆，我们来升级一下自己一贯以来的化妆手法，打造出更漂亮的自然裸妆吧。

开始眼部整容化妆前的**简单检查**

在学习眼部的整容式化妆前要做的一件重要的事情就是正确地把握自己眼睛的优缺点。在不化妆的状态下对着镜子观察并了解自己眼睛的什么地方是需要弥补的，什么地方又是需要突出的。

准确认识自己的眼形

在观察自己的眼睛时，近距离地观察不如从远处以脸部为整体来观察五官的协调性。按下面这个清单来审视一下自己的眼睛吧！

检查清单　▼

- 双眼皮：有□ 没有□
- 从全脸看眼睛大小：大□ 小□
- 眼睛的形状：圆形□ 细长形□
- 眼睛的长度：长□ 短□
- 内睑赘皮：有□ 没有□
- 卧蚕：有□ 没有□
- 眼角：下垂□ 上扬□
- 眼间距：宽□ 窄□

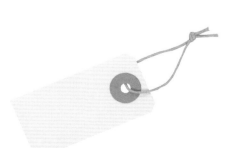

想要展现什么样的形象

在确定了自己的眼形后，要思考自己想通过妆容展现什么样的形象。比如认为眼角下垂是缺点的朋友会通过化妆让自己的眼角上扬，但认为这是优点的朋友就没必要人为地改变它了吧？眼睛在整个面部起着至关重要的作用，眼睛的妆容甚至可以让形象实现 180° 的大转变。因此，想要什么样的造型，想通过眼妆打造什么形象，准确确定自己的目的是相当重要的。

看我没有化妆的眼睛……

我是双眼皮，眼睛比较宽，眼角上扬，眼间距有点远。首先要对自己的眼睛作出客观的评价，不要盲目地开始眼部的整容式化妆，应该在了解过自己眼睛的优缺点后再进行弥补。

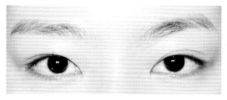

脂肪过多造成眼部浮肿，
打造去脂肪效果的眼妆

化妆前

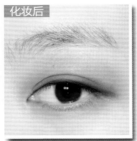
化妆后

在这种妆容中最好使用不含珠光的亚光型眼影，首选"阴影眼影"。准备一款适合自己的阴影粉确实非常有用，并且适合于多种妆容。关于阴影粉的选择，请大家参考第一部分的内容。

1. 用眼影刷在眼睛需要打上阴影的部位轻轻地刷涂。

 MAC 单色眼影（soba）

2. 眼底也要打上阴影。只有在这部分打上阴影才能使眼眸更自然深邃。

3. 涂抹稍深一层的阴影时在眼窝处小心地再加一层会使深邃感更强。

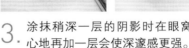 Bobbi Brown 眼影（heather）

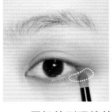

4. 用铅笔型眼线笔画出眼线。

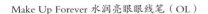

Make Up Forever 水润亮眼眼线笔（OL）

5. 用眼影刷将不含珠光的亚光棕色眼影覆盖到眼线上。

 NYX nude-on-nude（自然裸色彩妆盒）

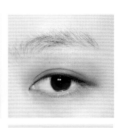

使眼眸深邃的阴影妆容不适合太深的眼线，用眼影体现出层次感就可以了。想要追求更加深邃的效果，可以在鼻翼两侧也刷上阴影。

缓和
凹陷黑眼圈的眼妆

化妆前

化妆后

眼底部凹陷的话会出现暗影，从而产生黑眼圈。有黑眼圈会使人显老，看上去没有精神，只有把黑眼圈去掉才能看起来更具年轻活力。黑眼圈是整容手术都无法完全去除的，所以不如用化妆来掩盖。为了有效遮盖黑眼圈，化太浓的妆没有用，轻薄地一层层遮盖才是最好的方法。

1. 这是我的黑眼圈。眼底凹陷进去的暗影要圆满地填充上。

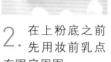

2. 在上粉底之前先用妆前乳点在眼底周围。

Koh Gen Do 有色妆前润颜霜（绿色）

3. 涂抹稍深一层的阴影时在眼窝处小心地再加一层会使深邃感更强。

4. 将清透的液体型黑眼圈专用遮瑕膏涂在眼底。

Innisfree 矿物黑眼圈遮瑕霜SPF15（1号浅粉色）

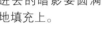

5. 仍旧用海绵将其涂开。

Innisfree 矿物完美遮瑕膏（1号浅象牙白）

6. 如果还是能看得出黑眼圈的话，再用遮瑕力较强的盒状遮瑕膏用刷子蘸取后在黑眼圈开始的最严重的部位轻轻涂开。

7. 随着黑眼圈开始的最严重部位逐渐向后涂抹，用量也逐步递减。

8. 只在黑眼圈开始的最严重部位进行再次涂抹，使其起点消失，完成完美的遮盖。

打造
富有立体感的眼妆

化妆前　化妆后

凹陷的眼睛使人看起来疲惫显老。很多朋友都知道，平平的眼睛涂上有珠光的眼影会使眼睛有立体感。但是看着浮肿的眼睛和看起来有立体感的眼睛是两回事吧？用含珠光和不含珠光的眼影共同来打造一款自然立体的眼妆吧。

1. 把不含珠光的亚光象牙色眼影粉刷在整个上眼皮部分。

 NYX 裸色眼唇盒（自然色）

2. 将不含珠光的淡棕色眼影从眼睛两侧向中间方向，依次从下往上打出层次感。

3. 在眼窝中间用带闪的米色眼影刷涂，打造出立体感觉。

4. 在最中间处小范围刷上珠光明显的金色眼影。

 Ameli 单色眼影
（蜜糖棕）

往眼球中间逐级使用带珠光的产品才能打造出富有立体感的眼眸。

像注射过皮肤填充剂一样
圆润的卧蚕

化妆前

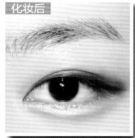
化妆后

有圆润的卧蚕会显得娇小可爱，能在视觉上放大眼睛。所以很多朋友热衷于通过注射美容针人为打造圆润的卧蚕。它的缺点是稍不注意就会产生像是眼底藏了一条幼虫一样高高鼓起的人造感觉。用化妆实现注射术一样圆润的卧蚕效果其实比想象中要简单许多。

1. 这是我看起来平淡的眼睛。

2. 用宽扁的眼影刷蘸取无珠光的阴影粉像图片所展示的那样在眼底来回扫几下。

3. 在眼底不到眼角的部分，手腕毫不用力地轻柔擦几下。

4. 要注意的一点是，千万不要出现一条明显的线。

 TonyMoly 水晶幻彩单色眼影（14 号卡布奇诺）

5. 要像图示一样有着轻微的层次过渡。

6. 这样就画好了充满立体感的好似卧蚕下面的暗影。

7. 要体现卧蚕的部分用带闪的眼影涂上。这个部位使用与皮肤相近且光泽感强的米色或金色是最自然的。

使用太白的产品会使妆容看起来太生硬、幼稚。比起烘焙型眼影，膏状眼影更适合用在眼底制造出水润漂亮的感觉。

 Lotree 闪亮膏状眼影（金砖色）

自然地缩短眼距的
内眼角眼妆

　　如果对自己过宽的眼距感到苦恼，那就尝试下眼线不浓烈的内眼角妆吧，它可以使眼睛看起来变窄。只在眼睛外侧使用较浓的眼影或眼线的话会使眼距变宽，这一点请多加注意。

化妆前 　　化妆后

1. 在如图所示的范围内刷上中度色彩的眼影。

 Stila 奇幻雪国笔记本眼影（白昼）

2. 同样的眼影刷在眼睛底部。

3. 用黑色啫喱妆眼线笔画出基本眼线。

 Banilaco 明眸之爱眼线膏（自然黑）

4. 将内眼角处的上眼皮提拉起，在图示的部位画上眼线。

这一部分画眼线时适合用斜线型眼线刷。

5. 轻拉下眼皮，画出下眼线。下眼线
画到图示的终点处。

6. 内眼角下的眼皮轻轻拉下，在空白部
分继续画上眼线。

7. 在画好的眼线上加涂一层深色眼影，
并呈现出自然层次。

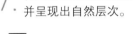
Stila 奇幻雪国笔记本眼影（白昼）

8. 将深色眼影在
下眼线上轻轻
铺开，使下眼线更
加自然。

5. 用浅色眼影在
图中标示的内
眼角和卧蚕处轻轻
刷涂。

Stila 奇幻雪国
笔记本眼影
（白昼）

将浅色眼影在内
眼角处点上高光
会产生眼距缩小
的视觉效果。为
了使眼距缩小，
最好在内眼角部
位加一点亮色。

去掉内眦赘皮的
清爽内眼角眼妆

这个妆容比刚刚的内眼角妆更具有醒目效果，也更能展现内眼角戏剧般的美感。但需要注意的是接下来要学习的内眼角妆，如果化得太浓看起来是很恐怖的，所以一定不要太贪心。在这个妆容中，眼线的分量超过了眼影，我们要用啫喱状眼线和液体眼线来共同打造。

   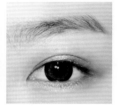

1. 在图示的范围内刷上眼影。

 Lancome 单色眼影（G40-ERICA）

2. 将同色眼影轻轻地涂在眼底卧蚕部位。

3. 画出基本的眼线。

我们要打造的是开过内眼角的效果，因此外眼角眼线要与之相呼应地画得稍长一些。

4. 如图所示，下眼线空出前面的1/3，剩下部位用眼线膏填涂。

画下眼线时，眼线笔比眼线膏的晕染度要高。不过眼线膏本身颜色较深，很难画出像眼线笔那样的自然感觉。

 Banilaco 明眸之爱眼线膏（自然黑）

5. 用液体眼线的软笔尖按照图示中的白色点线部位画上眼线。

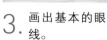 Missha 液体防水眼线笔（黑色）

6. 用液体眼线笔在如图所示的内眼角处轻点几下。

7. 眼睛稍向下看，在眼皮的空隙处，即图中白色点线所示部位也画上眼线。

8. 在图示部位继续画上眼线，使整个眼部没有眼线空白。

化妆前

化妆后

9. 与左眼的普通眼妆相比，右眼的内眼角妆更充分地展现了开眼角的效果。

自然掩饰眼距过窄的
外眼角妆容

　　前面我们为眼距稍宽的朋友们演示了在内眼角加重眼影或眼线来达到视觉上缩短眼距效果的内眼角妆容。接下来我们通过加重外眼角来打造既能遮盖较窄的眼距又能拉长眼睛的妆容。

1. 用眼影盒中的中间色在内眼角至眼球中间处涂抹晕染开。

 Stila 眼影（粉棕）

2. 将同色眼影用在图示部位。

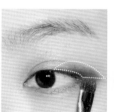

3. 在图示的部位迅速刷上深色眼影。

 Stila 眼影（粉棕）

4. 如图所示，在眼角的三角点处刷上深色眼影。

5. 眼线顺着外眼角方向呈现由浅入深的过渡，眼线要比平时画得稍长一些。

 Lancome 眼线膏（01 号黑色）

6. 下眼线空出大部分，只在接近外眼角的 1/3 处刷上眼线膏。

眼距较窄的朋友只在外眼角附近画眼线会使眼睛外部变长，可以弥补眼距较窄的缺点。

7. 为了使眼距看起来更宽一些，将假睫毛粘在眼线靠后的位置。

8. 因为拉长了眼角，眉毛也要相应地画得长一点。

Piccasso 假睫毛（30 号）

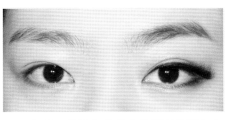

化妆前　　化妆后

9. 加重了外眼角的妆容使外眼角看上去更加通畅开阔，眼距也适当地加宽了。

假如眼睛比较短小，可以将这个妆容和之前介绍的内眼角妆容一并使用，眼睛长度会出现戏剧性的变化。

把凶猛眼神的眼睛
变得圆润纯真

如果苦恼于自己的眼神比较凶，可以通过化妆来使眼睛变成溜圆可爱的纯真双眸。这个妆容不在于拉长眼睛，而在于让它们变得又圆又大。让外眼角变成下垂状也是这个妆容的核心部分。

1. 用棕色眼影在双眼皮处轻柔地涂抹。

 Ameli 基本单色眼影（巧克力棕）

2. 用眼线笔在睫毛间细密填充。

Make Up Forever 眼线笔（OL）

3. 用眼线笔在睫毛间细密填充。

4. 画过下拉眼线的眼睛是不是看起来更单纯一些了？

5. 用眼线笔在图示部位涂上浓浓一层。

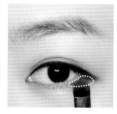

6. 用眼影刷蘸取棕色眼影在图示部位细密地涂刷。

将深色眼影填充在眼尾底部，会使眼角看上去下垂一些，给人纯真的印象。

 Ameli 基本单眼影（巧克力棕）

7. 在图示部分刷上金粉，使其呈现闪耀光芒。

● Ameli 单色眼影（蜜糖棕）

8. 将亮色眼影刷在卧蚕部位。

 Stila 眼影（粉棕）

9. 刷上睫毛膏。

Lancome 旋翘睫毛膏

下睫毛也刷上睫毛膏的话，会有洋娃娃般可爱的效果。

10. 戴上黑色美瞳，看上去更如洋娃娃一般惹眼的可爱。

化妆前

化妆后

11. 上扬的眼角变成纯真的形象。

在选择假睫毛时，越往眼尾睫毛越长的产品不如中间睫毛最长的产品更适合表现圆溜溜的大眼睛。在眼影颜色的选择上，太浓的黑色也不如棕色更能体现柔和的形象。

将下垂的眼角紧致提升的性感眼角妆容

眼角下垂的话，看起来就像小狗狗一样纯真可爱。不过女人偶尔也想像性感的猫咪那样突破一次自我吧。需要换一种心情的话，就试试化个眼角上翘的性感妆容再出门吧。说不定周围的朋友们会感叹道，哇，原来你还有这样的风情啊。

1. 用眼线笔画出基本眼线。

VIDI VICI眼线笔（浓情紫）

2. 按照图示的样子，画一条上扬的眼线。

只在眼角处画上扬眼线的话，会使妆容不自然，也不漂亮。想要自然又漂亮的上扬眼妆最好从眼球中间部位就开始画

3. 在眼尾部位从下往上画，形成三角形。

4. 用眼线笔将三角形中空白处全部填上颜色。

之所以选择紫色眼线，是因为用黑色眼线提升眼角的话会使人看起来强势刚烈，而紫色眼影则会展现出浓郁的女人味儿，同时还富有性感神秘色彩。

5. 在图示的点状线上画出下眼线。

6. 在图示的点状线上画出下眼线。

Lancome 眼线膏（01 号黑色）

如果所填部位太宽，或者下眼线画得下垂，就会使本来变得上扬的眼角再次拉下来，应多加注意。

7. 用深色眼影将图中示范的双眼皮部位的眼线覆盖一层。

8. 将四股 12mm 长的假睫毛只粘在眼尾部位。

为了看上去眼角上扬、神采奕奕，不要把眼影涂在整个眼窝处，而是在双眼皮线上窄窄地刷上一层为好。

为了使眼角上翘，不要在眼底粘假睫毛，只在上眼皮小范围地粘贴一点比较好。

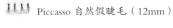 Piccasso 自然假睫毛（12mm）

 VIDIVICI 组合眼影盘

化妆前　　化妆后

9. 与没上妆的眼睛相比，上扬的眼角增加了性感的味道，眼睛的长度也拉伸了。

开始鼻梁整容化妆前的简单检查

在面部占据最大比重的是眼睛，但是在面部中央的却是鼻子。鼻子也影响着整体外观，鼻子漂亮了，整个面容看上去也更加精致协调。

正确了解自己的鼻形

鼻子不像眼睛和嘴会有表情，但它处于整个脸的中央位置，需要考虑到脸部整体的形象，配合协调的妆容来装扮它。下面我们通过检查清单来了解一下自己的鼻子吧。

来看一下我的鼻子。我的鼻子属于比较短的类型。鼻梁不算高也不算矮，没有鹰钩鼻。鼻翼既不宽也不窄，但我的鼻头比较大。大家有没有对着镜子观察一下自己的鼻子呢？下面我们就要正式开始鼻子的整容式化妆了。

检查清单 ▼

- **鼻子的长度：** 长□ 短□
- **鼻梁：** 高□ 矮□
- **鼻宽：** 宽□ 窄□
- **鼻头：** 宽□ 窄□
- **鹰钩鼻：** 有□ 没有□

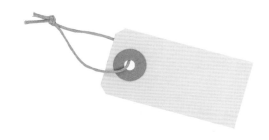

提升鼻梁高度，
令人印象更深刻的妆容

鼻梁高会给人更醒目、干练的印象。将阴影和高光适当地调和在一起使用就能打造出自然无瑕的高鼻梁效果。眼距较宽的朋友将内眼角妆容和鼻梁整形妆容一起使用能达到更好的效果。

化妆前

化妆后

1. 在图示的部位打上阴影。

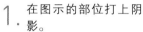

Benefit 热带风情蜜粉

2. 在眼窝处轻轻扫一层阴影，使之与鼻翼上方两侧的阴影自然衔接。

3. 到这一步为止就完成了简单的鼻梁提升。接下来我们继续尝试更完美的鼻梁提升妆容。

4. 鼻梁两侧用刷子刷上阴影，如图所示。

5. 用刷子蘸取高光粉沿鼻梁从上到下以波浪形横扫下来。

Lotree 闪亮打底造型膏（01号自然闪）

把宽扁鼻梁
变细变窄的妆容

　　宽扁的鼻梁会使脸显得更大。如果苦恼于宽扁的鼻梁，那就用高光和阴影打造细小的鼻子吧，它会使整个脸也变得细长。

化妆前

化妆后

1. 在鼻梁打上比鼻子宽度窄一些的阴影。

Benefit 热带风情蜜粉

2. 为缩小鼻梁宽度人为地使用了阴影，但这样看起来很不自然。

3. 用大号化妆刷在上过阴影的部分上下轻扫几遍，使阴影粉晕开。

4. 在图示的位置也打上少许阴影。

5. 用宽头刷在刚打过阴影的部位来回地轻扫，使之与鼻梁上的阴影完美融合。

6. 为了使鼻梁看起来不那么宽，用刷子蘸取高光粉刷在鼻梁中央。

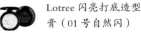

Lotree 闪亮打底造型膏（01号自然闪）

把蒜头鼻变成
尖头鼻的妆容

看到明星们不仅有高挺的鼻梁，还有尖翘的鼻头，是不是很漂亮？通过化妆也可以充分地展现出漂亮的鼻尖，想想以为不容易，但做起来其实很简单。

化妆前

化妆后

1. 在图中标示的部位轻刷上阴影。

Benefit 热带风情蜜粉

2. 刷上阴影后鼻头变薄了。下面进入打高光的步骤。

3. 用刷子蘸取高光粉，只在鼻尖部位轻轻地打圈。这样就能感觉到鼻头变尖了。

Lotree 闪亮打底造型膏（01 号自然闪）

让长鼻变短的
童颜妆容

鼻子长会使年龄看起来比实际大，相反如果鼻子短的话就会显得娇嫩可爱，因此短鼻也是变成童颜的条件之一。如果鼻子比较长，那就试试把鼻子变短的童颜妆容吧。

化妆前	化妆后

1. 在鼻梁两侧打上阴影。

Benefit 热带风情蜜粉

2. 鼻梁两侧的阴影如果打得范围过长会使鼻子看起来更长，所以一定在图1标示的范围内打上阴影。

3. 如图所示在鼻尖下面也打上阴影。

4. 鼻尖下面打上的阴影对于让鼻子变短起着至关重要的作用。

5. 高光不要一直沿鼻梁打下来，只在图示标注的范围内打上即可。

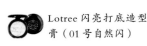

Lotree 闪亮打底造型膏（01号自然闪）

让短鼻变长的
妆容

稍短一点的鼻子是童颜的要素之一，没必要把它变长。但如果鼻子太短的话，就打上高光让它拉长一点，和阴影一起用的话效果会更明显。

化妆前

化妆后

1. 在鼻梁部分按直线打上高光。

Lotree 闪亮打底造型膏（01号自然闪）

2. 这是普通的拉长鼻梁的方法。鼻梁一般长度的朋友可以用这种普通的高光法。

3. 假如鼻子过短想让它更长一些的话，就用刷子蘸取高光在鼻尖来回轻扫几下。

4. 最后在鼻梁两侧打上阴影。

 Benefit 热带风情蜜粉

改变高低凸起的
鹰钩鼻妆容

　　有鹰钩鼻的朋友如果用了高光，只会让凸起的鼻子更加醒目。尽管完全改变鹰钩鼻是相当困难的一件事情，但起码通过化妆可以做到从正面角度使鹰钩鼻变得圆润一点。

化妆前

化妆后

1. 鹰钩鼻一般都是图中标示的这个部分异常凸起。所以高光的使用一定要避开这个区域。

2. 在图示部位打上高光。

Lotree 闪亮打底造型膏（01号自然闪

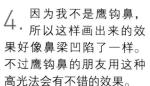

3. 跳过中间凸起的部分，在其下方部位也打上高光。

4. 因为我不是鹰钩鼻，所以这样画出来的效果好像鼻梁凹陷了一样。不过鹰钩鼻的朋友用这种高光法会有不错的效果。

开始唇部整容化妆前的
简单检查

嘴是整个面部最好动、表情也最丰富的地方。因此它也对整体的印象起着关键作用。大家平时都在眼妆上下足功夫，对嘴唇是不是没怎么在意过呢？

正确了解自己的嘴形

一直都是随意涂点唇彩的唇部妆容，为了配合整体造型而稍费一点心思的话，就会出现小小不同，甚至可能会影响整体妆容的效果。通过下面这个清单我们来了解一下自己的嘴唇吧。

我经常听别人夸奖我的嘴唇是脸上最漂亮的部位。我的眼睛和鼻子都有一些遗憾之处，相比之下嘴是最令我满意的部位。我对它感到满意的原因是嘴的大小正好，厚薄也正好，几乎所有方面都属于刚刚好的情况。大家也对着镜子好好观察一下自己的嘴唇，然后我们一起进入唇部整容式化妆吧。

检查清单 ▼

- **嘴**：大□　小□
- **嘴唇**：厚□　薄□
- **唇线**：清晰□　模糊□
- **嘴角**：上翘□　下垂□
- **唇纹**：较多□　较少□

让薄唇
如做过丰唇术一般的唇妆

韩国对美的定义多看重眼睛，而西方人则更重视嘴唇。稍厚的樱桃红唇是不是比薄唇更好看？通过丰唇术可以让薄薄的嘴唇变得丰满，但对于担心嘴唇会变得太厚的朋友，可以用这款使唇部丰满又立体的珠光唇妆来实现自己的愿望。

化妆前

化妆后

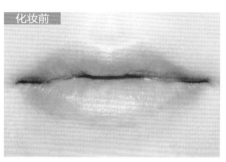
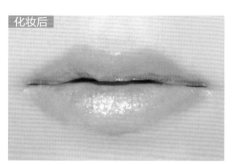

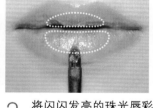

1. 在整个唇部涂上无珠光的润唇膏。水润发光的产品比亚光产品更能使唇部展现 Q 弹圆润。

Banilaco：香吻唇彩（RPK541）

2. 将闪闪发亮的珠光唇彩涂在嘴唇中央，这种涂法比涂满全唇更能体现出立体感。

Stila 珠光唇彩（01 粉钻）

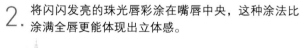
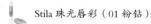

Make Up Forever
无色唇彩

3. 用透明唇彩沿着比原有唇线更宽一点的范围涂一层边缘。

让厚唇
化身樱桃小口的唇妆

虽说圆润立体的唇妆是现在的流行趋势，但如果因为自己嘴唇过厚而感到自卑的朋友，可以通过缩短唇线、在唇部中央涂上深色唇膏的方法来打造樱桃小口。

化妆前

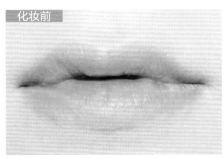

化妆后

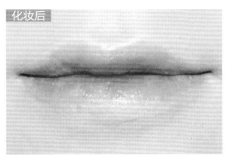

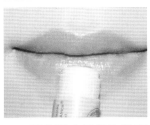

1. 因为要在唇部涂粉底液，因此在这之前先涂上润唇膏形成保护膜。

 Out Of Africa 奶油润唇膏（橘子香型）

2. 将粉底液或遮瑕膏轻点在唇线周围。

3. 用海绵轻轻拍打使唇线被遮盖住。

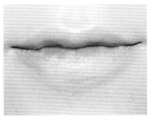

没必要把唇线完全地遮盖掉，粉底液的效果比遮瑕膏更自然。

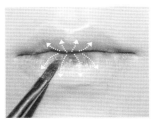

4. 把颜色稍深的亚光型唇膏用唇刷刷在唇中央，并刷出过渡效果。

MAC 唇彩（俄罗斯红）

111

让唇线
清晰的唇妆

　　唇线模糊杂乱的话，很难给人干净的印象。通过简单的化妆我们可以让唇线变得清晰起来。像海鸥一样清晰明显的唇线看起来是相当有魅力的。

化妆前

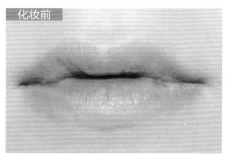

化妆后

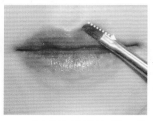

1. 在涂唇膏之前先在图中所示部位涂上粉底或遮瑕膏。

2. 在整个唇部涂上唇膏，涂到显出一定色彩为好。

VIDIVICI 闪亮唇彩
（04Berry Good）

3. 为了使唇线清晰，我们要使用唇刷，因为可以利用刷体的宽度自由涂刷。用唇刷沿着唇线刷一遍。

4. 仍然是利用唇刷的宽度使唇线显现。用这个方法把另一边的唇线也涂刷完。

5. 把液体或膏状高光刷在图示的部位，使唇线更明显突出。

令嘴角上扬的
微笑唇妆

嘴角微微上扬的嘴唇既能给人美好的印象，又能让看到的人感到欢欣鼓舞，得到正能量。其实上扬的嘴角在面相学中也是相当好的呢。只让嘴角凸现出来也能让人觉得更干净。

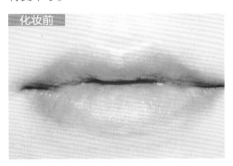
化妆前

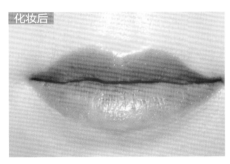
化妆后

1. 用刷子蘸取遮瑕膏在图中标注的上唇角处画出明显的界线。

Innisfree 矿物完美遮瑕膏（1号浅象牙白）

2. 遮瑕刷在下嘴角处沿着图示箭头所指方向轻轻向上描画。

3. 用唇刷把整个嘴唇涂满。

MAC（米兰风尚）

4. 嘴角微扬做微笑状，按压唇刷使刷毛展开，可以刷出整洁又暖人的嘴角。

开始轮廓整容化妆前的
简单检查

在前面我们讲了眼、鼻、唇的变美丽化妆法则，这些部分都非常重要，但是脸的整体轮廓也不容小觑。相同的眼、鼻、唇放在不同轮廓的脸上也会有所不一样。脸型可以通过发型的变化和妆容的变化来弥补不足。

检查自己的脸型

在我们进行整容式轮廓化妆之前，有必要先看一下自己的脸型，找一找需要弥补的地方和需要突出的地方。通过下面的检查清单来认识一下自己的脸型吧！

检查清单 ▼

· **总体上的脸型：**圆脸□　长脸□　方脸□
· **额头：**饱满□　扁平□
· **颧骨：**突出□　不突出□
· **脸上的肉：**多□　少□
· **发际线：**漂亮的圆形□　不是漂亮的圆形□
· **下巴的模样：**尖下巴□　圆下巴□

来看一下我的脸型。把头发都拢到后面去是为了更好地看一下脸型。把头发从前面拢到后面扎起来，自己照镜子看都觉得不太好意思，但为了确认我的脸型和优缺点，就先忍一忍吧。

我的脸型从整体来看是没有棱角的

圆脸。我的额头稍有点宽，发际线不是优美的圆弧形，而是两边稍有点秃发。我的颧骨几乎看不到，下面的五官比较短。整体上这种圆脸我并不太喜欢，所以经常通过轮廓化妆让自己的脸型变得细长一些。

如注射过脂肪的
饱满额头妆容

　　饱满的额头有福相，且显得高贵。所以当下流行通过注射或脂肪移植的方法人为地让额头圆润起来。有的朋友额头并不凹陷，但还是想让它更漂亮一些，那么大家可以试一下下面这个方法。

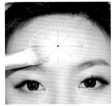   

1. 上完粉底后，在额头中央涂上白色的妆前乳，以额头中央为中心向外颜色逐渐变淡变浅地过渡，赋予其立体感，注意不要留下边缘线。

■ Koh Gen Do 水润粉底液（Wt-00）

2. 像照片中这样毫无过渡地涂抹就像在额头盖了印章一样，这种做法是绝对不可以的。

3. 在发际线适量地打上阴影。只有打上阴影才能让额头呈现出立体感。同样也注意过渡，不要让人看出阴影的边际线。

Jenny House Secret 阴影粉

4. 到上面一步时就可以完成这个妆容了。但如果想要额头更立体可以用高光粉从额头中央以打圈的方式扫几下。

过渡是非常重要的。扫高光的面积要比一开始白色打底的面积小才可以。

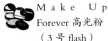 Make Up Forever 高光粉（3 号 flash）

化妆前

化妆后

如注射过脂肪的
丰润脸部妆容

化妆前

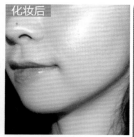
化妆后

没有肉肉的干瘪凹陷的脸颊是比不上稍有些圆润的立体感的脸颊显得年轻又温柔的。为了打造出丰润脸颊的效果，我们用完粉底后再用高光就觉得效果不错。今天我们从粉底之前的步骤开始重新，来打造一个更有成效的立体妆容。

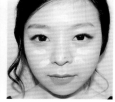

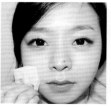

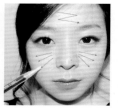

1. 首先在脸部进行保湿嫩滑的打底，然后涂上具有细微珠光的隔离。尽量避免珠光颗粒太大的产品。

　　MAC 妆前隔离

2. 把淡紫色的隔离像照片中示范的那样轻点在双颊、额头等部位。

Chosungah Luna 珠光润颜隔离

3. 用海绵将隔离轻轻地拍打开。

4. 把液体高光涂在图中所标示的脸颊和额头等部位。

Lancome 水感奇迹遮瑕液

在上粉底液之前就打上高光，可以制造出自然的闪亮效果，使光泽由内而外地散发。

5. 用海绵轻轻拍打使之延展开。上过了高光的部分在光照下显得更加光彩立体。

6. 将液体粉底用刷子在脸上涂抹又薄又透的一层。

Koh Gen 水润粉底液（PK-1）

VOV aura 高光腮红（1号 高光微闪 aura）

7. 若想要更加耀目的效果，可以用刷子蘸取光泽感好的粉底在脸颊中央以打圈的方式轻刷几下。

打造精致小脸的
轮廓矫正妆容

化妆前

化妆后

以前没有化妆的时候不清楚，现在偶尔会觉得化妆使脸显得更大了对不对？这是由于不注重脸部的曲线和立体感，一味追求均匀靓丽的肤色只知道遮盖而造成的。让该凸起的地方凸起、该凹陷的地方凹陷，这样的化妆方式才可以让我们的脸蛋显得更小巧。

※ 阴影打得不对的示例

很多朋友认为只要轮廓外侧颜色较暗就可以了，所以一般只顺着外侧线打阴影。这种方法会使脸和脖子之间有明显的色差，显得很另类。我们试一试用更加自然有效的方法来打造一个娇小的脸庞吧！

1. 首先在粉底液的步骤中就要体现出阴影了。打粉底液时要从脸部中心向外侧逐渐减少用量，达到自然的过渡效果。

全脸都用同量的粉底会使脸看起来更大。

■ Koh Gen 水润粉底液（PK-1）

2. 在图中标示的颧骨下侧打上阴影。粉刷从脸部外侧向中央轻轻扫过，打造出自然的过渡效果。

Jenny House Secret 阴影粉

3. 这样从颧骨向下的斜线阴影会使脸看起来更细长。

4. 顺着下颌骨的线条轻扫一层阴影。

5. 从正面看的时候，按照图中标示的 V 字脸效果在白线处来回地轻扫上阴影。

6. 顺着发际线轻轻地扫上阴影，使边界线被遮盖上。

7. 要打造小脸的效果立体感是非常重要的。鼻子高也会让脸显小。

按照鼻子整容式化妆那部分学过的相应的方法在鼻子部分打上阴影。

8. 太浅的颜色或太亮的光泽都会使脸显得更大，所以尽量使用与肤色相近的亚光腮红打出与阴影完美衔接的斜线造型。

 Stila 奇幻雪国笔记本腮红（白昼）

9. 到这步为止大家都学会了吗？下面我们进入高光步骤。

10. 在脸部中央的狭窄区域内打上高光。脸上的光芒都凝聚在中央的话也会使脸显小。

高光会产生视觉上的膨胀，因此过量的使用会使脸盘看起来更大。但将高光与阴影在适当的位置适量使用则会起到非常棒的效果。

11. 为了使中央部分更明亮，更富有立体感，我们在 T 区部分也打上高光。T 区不要从额头到鼻梁来打，要从鼻梁开始的部位到与双眼皮等高的这个范围内打上自然效果的高光。

Make Up Forever 高光粉（3 号 FLASH）

假如觉得用刷子刷阴影难度太大的话，选择比自己肤色深一个色号的粉底来代替阴影会既简单又方便。在第二阶段上完稍深色号的粉底之后，再在鼻翼两侧轻涂一点粉底，超简单的粉底式阴影妆容就完成了。

打造尖下巴的妆容

短下巴或没有下巴是成为童颜的条件之一。大部分韩国人下巴都有些短，这会使嘴显得外凸。我们可以用简单的方法来修饰一下。

化妆前

化妆后

1. 在修饰下巴前我们先来研究一下基本的高光部位，图中白色的部位都是普通的高光部位，但每个人的长相不同，都用一种高光法恐怕说不通吧？

2. 很多朋友习惯在下巴和人中处打上高光，但其实有的人适合，有的人并不适合。在人中上打上高光会突出唇线，但这对于嘴外凸或人中较长的人来说却只能适得其反。高光的膨胀效果会使嘴变得更加凸出，反而让缺点变得更加明显。所以下巴短的人不要在人中处打高光。

3. 下巴较短的话，应该在下巴处打上高光。短下巴可以通过填入硅胶、注射填充术等方法来弥补，但其实用刷子在图示的部位来回扫几遍高光，也能在一定程度上达到修饰下巴的效果。

 Make Up Forever 高光粉（3号闪）

4. 在图示的两个部位打上阴影。下巴两侧也加入一些阴影会使其呈现V字形效果。

第三章
化好裸妆再出门

　　每天都要化的日常裸妆，不能太过夸张又需要适度修饰，还不能一成不变，日常妆容虽然容易、简单，却存在必要的技巧，就像是文静的歌手和着节拍轻轻律动，日常裸妆必须结合多样的技巧和色彩才行。

自然妆

　　自然妆是适合日常应用的基础妆容，能够令人感受到肌肤的水润和光泽，轻松打造干练清爽的美丽肌肤。

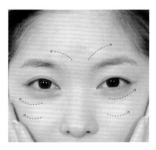

1. 洗完脸，选择一些补水的产品进行肌肤的基础护理，让肌肤水润十足。沿着箭头所示方向，将产品轻轻拍打均匀即可。在产品的选择上，与其选择多重基础护理产品，不如选择一两种产品进行护理。

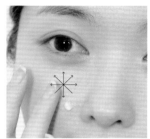

2. 肌肤补水工作完成后，为了能够锁住水分，调理肌肤角质层，要再涂上一层妆前乳。妆前乳也应该选用补水型的，这样涂完之后肌肤更能显得水润清透。在需要的部位点上妆前乳，然后沿着箭头方向轻轻地涂抹开。

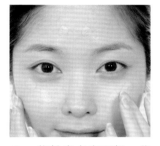

3. 将粉底点在面部一些中心部位。注意使用时要适量，不需要涂太多。

4. 粉底点在中心部位之后，沿着箭头方向，从面部中央向外侧轻轻涂开。这时候外侧几乎没有涂粉底，保持了肌肤原有的状态，这样的妆容也能更加自然。所以在使用粉底时要注意尽可能涂得薄一点。

5. 使用遮瑕膏调理肌肤色泽，覆盖肌肤瑕疵。由于是自然妆，所以重点是用来调节肌肤的色泽。如果想要达到完美的遮瑕效果而使用过多的遮瑕膏，反而会产生底妆过厚的效果，所以尽可能选择液体遮瑕膏轻轻涂一层，保持水润的效果即可。

6. 取适量的明眼凝胶涂在眼部下方，让眼睛看起来更加明亮有神采。使用少量含有珍珠亮粉的产品轻轻涂在眼部下方，还可以给整体效果加分。

7. 用粉扑沾取少量蜜粉，涂在油脂分泌旺盛的部位。如果使用透明的蜜粉，则妆容效果更加自然。鼻翼两侧、眼周等出油较多的部位都需要进行定妆。使用粉扑时不要过分用力，轻轻地擦拭即可。

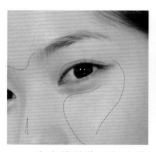

8. 在虚线的位置打上高光粉。选择粉饼状的高光粉也可以，但是液态高光的效果更加自然，跟底妆也更协调。使用高光粉时需要用高光粉刷涂抹，注意涂抹范围不要太大。

9. 涂抹唇膏。如果唇色太淡，可以稍稍涂一层粉色亮彩口红，或是涂上润色唇彩后再涂一层唇膏。如果本身的唇色较鲜明，那么涂一层唇膏，让嘴唇看上去有血色就可以了。

10. 眼妆部分只需要在瞳孔上方的眼睑上轻轻画上眼线，然后用睫毛夹将睫毛夹起，涂上透明的睫毛膏即可。这样简单而又清爽的眼妆就完成了。画眉时选择和自己头发色彩或是瞳孔颜色协调的色彩，并根据自己的眉形简单地画一下就可以了。

11. 上图是眼妆完成后，整个自然肌肤妆的效果。

化妆时一定要注意粉底的涂法！

润光妆

润光妆也是适合日常使用的基础妆容之一。

这种妆容可以展现自然通透的肌肤，让肌肤散发水润光泽，这样隐隐透着光彩的肌肤可以让你在日常生活中脱颖而出。

1. 将妆前打底霜从肌肤的中央慢慢向外涂抹均匀。打底霜适合选用补水型的产品，这样可以让肌肤更加水润清透。

2. 从面部中央将粉底向外侧刷开。粉底也可以选用补水型，让肌肤水润有光泽。刷粉底的时候注意不要太用力，否则会造成底妆堆积的感觉，另外需要注意不要留下刷痕。

3. 使用蜜粉遮盖多余的油光。如果面颊外侧、眼周、鼻翼等部位油脂较多，会显得面部脏乱油腻，所以需要仔细地去除多余油脂。要使用透明的蜜粉，不含任何色彩，这样肌肤看上去会更加清透。

4. 将液态高光粉点在面部的五个部位。如果高光粉用得太多，反而会使底妆堆积或是面部油腻，所以只需点上少量的高光粉上妆就可以了。

5. 使用高光粉刷将点在面部的高光粉沿着箭头方向轻轻地晕染涂匀。注意不要在面颊上留下刷痕，也不要将粉底刷起来。将高光从面部中央开始向外涂匀，外侧只需要用残余的高光液轻轻涂抹即可。

6. 这是打完高光粉后肌肤更加有光泽的效果图。

7. 使用不含亮粉的浅褐色眼影打底，这样的妆容更加干净清爽。虚线内需要全部涂上打底的眼影。

8. 这是使用褐色眼影打底后睁开眼睛的效果图。

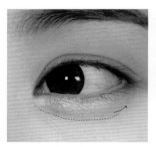

9. 下眼睑使用白色的眼影打底。这样眼睛下方更加鲜亮，妆容更显得清纯可爱。

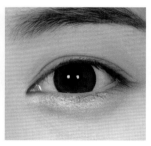

10. 这是下眼睑使用白色粉底后的正面效果图。

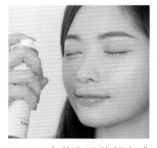

11. 底妆和眼妆都完成之后，为了让肌肤能够散发出自然的水润光泽，可以轻轻地喷上精华液喷雾。

12. 由于整体的妆容几乎不含任何色彩元素，所以在化唇妆的时候可以选择亮彩的唇彩来增加颜色。这样可爱的唇妆就完成了。

整体的妆容为了突出肌肤的水润光泽，所以要选择合适的高光产品。选择液体高光或含有珍珠亮粉的粉底产品都可以自然地提升肌肤整体的光泽。由于高光是用在化底妆的过程中，所以化底妆时突出肌肤的自然感觉很重要。需要提亮的部分和需要水润清透的部位要区分开。水润清透的部位应该选用透明的蜜粉，用蜜粉刷可以自然地打造出清透感觉。

高光产品的
选择和使用
非常重要！

水光妆

水光妆适合用在一些特别的日子里。

简单地利用润彩的粉底就能够打造出众人瞩目的水光效果。在特别的日子里给自己一个特别的妆容吧！

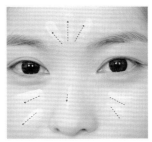

1. 基础的肌肤护理完成之后，在眼部下方涂上遮瑕膏。如图所示，在眼睛下方三处左右点上遮瑕膏，然后按照箭头的方向将其涂开。眼部遮瑕膏可以起到明眸、消除黑眼圈的效果。

2. 将略带亮彩感的少量妆前乳涂于面部。从面部的中间向外侧涂抹，中间涂匀后，利用残留的产品向外侧轻轻晕染开即可。外侧最好不要再使用其他的产品。

3. 使用补水保湿型的粉底。色号可以选择比肤色稍亮一点的，从面部中央沿着箭头的方向向外涂抹。刷粉底时需要注意涂抹均匀，不要留下刷痕。

4. 使用色号较暗或是跟肤色相同的粉底涂在虚线部位。利用粉扑沾取少量的粉底进行涂抹，注意跟底妆的协调，不要留下明显的界线。这样中间的色调较亮而外侧较暗，即使不用阴影，也能打造出立体感。

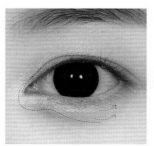

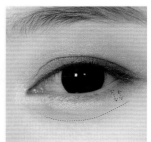

5. 将上眼睑打上眼影，双眼皮线的部位使用褐色的眼影。然后按照箭头所示方向，将眼影自然地晕染开。

6. 使用米黄色的眼影涂在下眼睑的虚线部位。重点突出眼窝到瞳孔下方的位置，沿着箭头方向自然晕染开即可。

7. 下眼睑使用褐色眼影，从瞳孔下方开始直到眼尾。这样眼尾部分的色彩就可以与上眼睑的眼影自然重合。

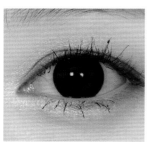

8. 利用睫毛夹将整个睫毛夹起，完全卷翘之后再涂上睫毛膏。涂抹睫毛膏时不要马虎，要让睫毛液充分地附着在每一根睫毛上，下睫毛也不要忘记涂抹。这样迷人眼妆就完成了。

9. 以嘴唇的中央为中心涂上唇彩。先将整体隐隐地涂一层之后，再在中间涂一层，这样能够形成颜色的渐变。唇彩要与唇色自然协调，这样美丽唇妆也完成了。

10. 将凡士林或精华液等产品涂在面部的高光区，制造出水光效果。涂抹时可能会造成底妆堆积，所以要小心！在面部颧骨周围轻轻地拍打，这样更能增加肌肤的水嫩效果。

最后使用高光效果会更好。基础打底妆和彩妆全部完成之后，利用凡士林或面部精油等产品制造水光效果。在最后上妆前，可以将产品先在手背上涂开，用体温加热，然后再上妆就不会造成底妆的堆积，上妆效果也会更自然。

在上水光效果时注意范围不能太大，而且也不要过量使用。水光妆比起自然妆，更适合结合彩妆使用。在化烟熏妆或性感妆容时都可以使用。

使用凡士林等产品来提升肤色！

雾面妆

　　告别粗糙暗沉，还原水嫩肌肤，并让肌肤由内而外散发光彩。雾面妆既显得高雅又不失婴儿般的细嫩，很适合作为日常的自然妆，同时也可以结合烟熏妆使用。

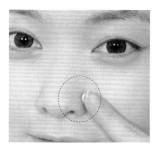

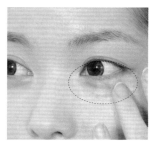

1. 基础护理结束后，选用补水保湿型的妆前乳或粉底集中涂在虚线部位。涂抹时只能使用少量的产品轻轻涂抹，如果使用太多，会造成底妆堆积。

2. 将眼部遮瑕膏点在下眼睑的两三个部位，然后轻轻拍打开，将黑眼圈完全遮盖。需要注意的是，眼部周围毛孔细小，细纹较多，如果遮瑕膏涂得太多，会堆积在细纹中，从而使细纹更加明显。

3. 使用少量比肌肤颜色稍亮的粉底从面部中间向外轻轻刷开。使用粉底刷沿着箭头方向由中间向外轻轻晕开，外侧不需要单独使用其他的产品，将粉底刷上残余的粉底轻轻涂在外侧即可。

4. 利用海绵将面部残留的刷痕擦拭开，另外脸部外侧也需要仔细擦拭均匀。为了将粉底涂抹得均匀自然，可以利用海绵轻轻擦拭整个面部。

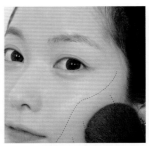

5. 粉底涂完之后，可以使用少量的遮瑕膏遮盖面部的瑕疵。使用适量的遮瑕膏可以让整体的妆容更加自然。

6. 使用蜜粉刷将蜜粉轻轻拍打在整个面部，去除面部油光，打造雾光的效果。为了制造出隐隐光泽的效果，可以使用含有少量亮粉的蜜粉。刷蜜粉的时候按照箭头所示方向轻轻刷开。

7. 沿虚线打上阴影，注意抓住线条的位置。因为是化雾光妆，使用阴影可以让脸型看上去更立体。从颧骨开始到腮红区打上阴影，然后向着下巴渐渐晕开。注意打阴影的时候不要让色彩太突兀。

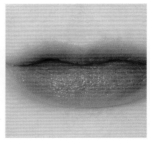

8. 从瞳孔结束的部位下方开始一直到眼尾打上褐色的眼影，制造出阴影效果。颜色不要太深，浅浅的就可以了。

9. 使用睫毛夹将睫毛夹起，然后仔细地涂上睫毛膏。不需要制造出浓密或纤长的效果，只要简单地涂抹干净就可以了，另外一定要保证睫毛卷翘。

10. 根据唇形仔细地涂上带有亮彩的粉色口红，这样，妆容就完成了。

小窍门

　　雾面妆打造的是平滑的肤质，所以一定要注意不要让肌肤太干燥，基础护理时一定要保证肌肤有充足的水分。雾面妆的重点是保证肌肤平滑透亮的同时，维持肌肤原有的水嫩。上底妆之前，最好使用保湿补水型的妆前乳。雾光的肌肤清透明亮，有很好的减龄效果。

　　比起高光，最后使用阴影定妆效果更好。雾面妆不需要闪亮的感觉，而是要制造出柔滑剔透的肌肤质感，所以使用阴影的效果当然要比高光更好啦！

特别注意蜜粉的使用！

热情洋溢的
绯闻女孩妆

　　《绯闻女孩》一剧让我们感受到了美国上流社会富家子弟的生活。这虽然只是一个以美国上流社会高中生为主角的青春偶像剧，不过，女主角的穿着和彩妆却非常适合缤纷多彩的大学生活，不仅充满时尚感，刁蛮可爱中更带有一丝高贵的风情。值得注意的是，因其妆感自然，所以非常适合作为日常彩妆的范本。不论大家的活动空间是学校还是公司，让我们一起从美剧《绯闻女孩》中寻找日常彩妆的灵感吧！

主题色彩	妆容重点	应用建议
蜜桃色、咖啡色眼影，蜜桃色唇膏。	自然地调和色彩，完成自然又时尚的妆感。	**场合**：新学期的第一堂课；第一个社团聚会；入学典礼。 **搭配风格**：选择选美小姐冠军平时会穿的服装或高级的学院风服装，搭配女性化的发束或发卡等装饰品。

化妆工具

· 眉彩
M.A.C- 时尚焦点小眼影 #SOFA
KISS ME-Heavy Rotation 染眉膏 #No.02 橘棕色
· 眼影
Benefit-Velvet eyeshadow #leggy
Benefit-Velvet eyeshadow #Dandy Brandy
· 眼线　植村秀 - 丝滑持久眼线胶 #02 ME BROWN
· 睫毛膏
GIORGIO ARMANI- 决战时尚全能睫毛膏 # 黑
· 提亮　M.A.C-mineralize skinfinis 眼影
· 腮红
Elishacoy-MineralTouch Velvet Blusher#02
Sweet Orange
· 唇彩
Banila co.-Kiss Collection Color Fix Stain
#NPK554
Stila-Lip Glaze #05 Raspberry

选择要点

· 眼影
选择带珠光的浅咖啡色眼影。
选中间色调的咖啡色眼影即可。
· 眼线　选择咖啡色胶状眼线。
· 睫毛膏
选择浓密黑色的睫毛膏
· 腮红
选择珠光不多、不含红光的杏桃色腮红
· 唇彩
挑选与腮红颜色相近的杏桃色或蜜桃色的唇膏。
选择略带红色光泽、不含珠光的透明的唇蜜。

1. 眉彩①
以刷具蘸取不含红光的咖啡色眼影在眉毛空隙处填补完整。

2. 眉彩②
选用与头发颜色接近的染眉膏刷眉毛，尽量避免染眉膏碰到皮肤。

3. 眼影打底
使用带些微珠光的象牙粉色眼影在眼窝部位大范围描绘，让眼周焕发生机。

4. 下眼影
用同一个眼影在眼睛下方卧蚕位置进行描绘。

5. 重点眼影
使用中间色调的深咖啡色眼影描绘在眼褶处，即睁开眼睛时隐约会看到的位置，从眼尾往中间沿着眼窝方向画出渐层。

6. 重点下眼影
将相同的眼影涂在眼睛下方，从眼尾到眼头方向，画出7毫米左右为宜。

7. 眼线
仔细地用咖啡色眼线胶补满睫毛缝隙，描绘出细细的线，注意眼尾不要拉得太长。

8. 夹睫毛

一手稍微将上眼皮往上拉，避免被睫毛夹夹到。用睫毛夹从睫毛根部夹翘睫毛，同时慢慢放松力道来调整位置，夹出像字母C一般的卷翘睫毛。

9. 睫毛膏

刷上黑色睫毛膏，可以使睫毛看起来自然浓密，将睫毛刷打直，仔细地涂上下睫毛。

10. 腮红

用含珠光不多的腮红从颧骨外侧向内轻轻扫过，呈现隐约而自然的好气色最为重要。

11. 提亮

因整体彩妆没有突出的色彩，因此在T字区、人中及下巴部分提亮，让整体更具立体感。使用自然的象牙色眼影来赋予脸部奢华感。

12. 唇彩

在双唇上涂抹浅蜜桃色的唇膏，再涂上半透明唇蜜，增加唇部光泽。

小窍门

眼妆不会晕染的秘诀

无论多自然的化妆法，眼妆都易晕染。眼妆晕染最明显的部位，无非是在眼窝和眼睛下方。因此在这些地方要更加仔细地涂抹粉底或BB霜、多按压几次使其更加服帖。上完眼影后，在上面再压一层能吸附油脂的蜜粉，具有防晕染的效果。如果刷上能帮助睫毛膏定型的产品，也能减少晕染现象发生。

打造 200% 的初恋印象之
国民初恋妆

　　"国民初恋"，这是近来大家送给一位韩国人气女明星秀智的新称谓。原因在于秀智清纯又女性化的脸庞，激起了众多韩国男性朋友们对美好初恋的回忆。当然并不是所有男人的初恋对象都是清纯甜美的女生，但没有男人能抵挡这类特质的女性。所以，今天让我们暂时舍弃艳丽的妆容，在约会时打扮成男友幻想中的她吧！化妆时尽可能不要用太多突出的色彩，肌肤也要干净无瑕，双唇就使用像玫瑰花瓣般的唇露来收尾，是这个裸妆的重点。

主题色彩	妆容重点	应用建议
粉色调、蜜桃色与自然色的眼影和自然粉色的唇膏。	对浅色调妆容来说，提亮非常重要，腮红要用亮粉色来作为亮点。	**场合**：想看起来很清纯的时候；与男友约会时。 **搭配风格**：选择既有女人味儿又简洁的连衣裙、粉嫩色系外套等适合白色与粉色妆感的服装。

化妆工具	选择要点
· 眉彩 KISS ME-Heavy Rotation 眼影 & 鼻影 #01 **· 打底眼影** M.A.C- 时尚焦点小眼影 #SOFA **· 重点眼影** BOBBI BROWN- 微煦眼影 Espresso **· 睫毛膏** LUNASOL- 日月晶彩浓纤防水睫毛膏 #01 **· 打亮** M.A.C- 柔矿迷光炫彩饼 **· 腮红** Elishacoy-Mineral Touch Velvet Plusher #01 **· 唇彩** Benefit- 甜心菲菲唇颊露 M.A.C- 星光魔唇 #Baby Sparks	**· 打底眼影** 选择含少量珠光但不带红光中间色调的咖啡色眼影。 **· 重点眼影** 选择不带珠光的、接近黑色的深咖啡色眼影。 **· 提亮** 选择几乎无珠光的亮象牙白色眼影。 **· 腮红** 不带红光的粉色系腮红即可。 **· 唇彩** 选择像草莓牛奶般色泽的唇露。 选择稍带珠光的浅粉色调唇蜜。

1. 眼影打底

先用CC霜来让肌肤维持水润透明，然后用咖啡色眉粉按照眉毛方向涂抹眉毛，再将打底的眼影大范围刷在眼窝上。

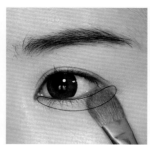

2. 下眼影

使用与眼窝打底相同颜色的咖啡色眼影刷在眼睛下方，轻轻和上面连接起来。

3. 眼线

用不会晕染的咖啡色眼线胶仔仔细细地将睫毛空隙填满，描绘出细细的眼线。

4. 重点眼影

使用无珠光的咖啡色眼影轻轻地刷在眼线上，使其融合。

5. 夹睫毛

从睫毛根部开始夹，分3个阶段以上，请稍微放松力道再夹紧，容易夹出自然卷翘的睫毛。

6. 睫毛膏

用防水睫毛膏，由上向下刷一次，再从下向上刷一次，使睫毛看起来浓密纤长。

7. 下睫毛

将睫毛刷打直，细细刷在下睫毛即可。

8. 眼头提亮

在如图位置眼头及卧蚕5毫米的位置刷上提亮的眼影，突出明亮且清纯的印象。

9. 提亮

用几乎无珠光的象牙色提亮产品，在T字区、人中、下巴等部位提亮，增添奢华感。

10. 腮红

选择颜色透亮的浅粉色腮红，轻轻刷在笑肌上。

11. 唇露

充分涂上粉红色唇露，让双唇呈现润泽感，注意要涂抹均匀，轻盈且持久是唇妆的重点。

12. 唇蜜

如果上了唇露仍显水润感不足时，可再刷上一层粉红色唇蜜，能赋予唇部光泽。

关键点

I CC 是 Color Correction 的简写，是能修饰肌肤底色的基础彩妆品，质地比BB霜或粉底更轻盈，最大的特色是能呈现自然的肌肤光彩。

购物女王的秘密之

自然甜心裸妆

　　在电视广告或者平面广告中，自然感的妆容是最常见的。自然甜心的妆感，跟任何场合和服装都很搭。如果在准备去购物时，化着特殊的妆出门，挑选服装或首饰时也会受到限制。妆容不夸张有助购物，而带着蜜桃色调的自然甜心妆，就是成为购物女王的真正秘诀。

主题色彩	妆容重点	应用建议
蜜桃橘腮红和唇膏。	以和任何服装都配的蜜桃色调为主，眉毛稍微强调角度来增加一点傲气。	**场合**：想疯狂购物时；穿日常衣服购物时。 **搭配风格**：选择舒服又有时尚感的服饰较为适合。

化妆工具

- 打底 LUNASOL– 眼采底霜 N#01 Neutral
- 眉彩 LAVSHUCA– 亮眼明眸染眉膏
  植村秀 – 创艺眉笔 #H9
- 眼影
  M.A.C– 时尚焦点小眼影 #PARADISCO
  M.A.C– 时尚焦点小眼影 #JUST
- 重点眼影 妙巴黎 – 随你拉俏眼影碟 #04 拿铁棕
  BEBEFIT– 一见钟情眼影粉 #bikini line
- 眼线 ARTDECO–High Precision Liquid Liner #01
- 睫毛膏 KISS ME– 超级纤长防水睫毛膏 # 黑
- 腮红
  RMK– 经典修容 JE#02 杏桃粉色
  LUNASOL– 晶润亮采修容 #EX01 PURE CORAL
- 唇部打底 ARTDECO–Natural lip corrector#03
- 唇膏 Banila co–Kiss collection color fix stain
  # NRK554
- 提亮 M.A.C– 柔矿迷光炫彩饼

选择要点

- 眉彩 选择油脂含量不多、红光较少的中间色调咖啡色眉彩。
- 眼影
  选择含有较少珠光、浅橘色的眼影。
  选择接近白色的蜜桃色眼影。
- 重点眼影 选择深咖啡色眼影。
  选择带珠光的象牙白眼影。
- 腮红
  选择稍带珠光的橘色或蜜桃色系腮红。
- 唇部打底 挑选接近唇周颜色的遮瑕产品。
- 唇膏 选择无珠光的浅粉色或杏桃色唇膏。
- 提亮 选择几乎无珠光的象牙白色提亮产品为佳。

1. 眉彩

用染眉膏由下向上刷眉毛，创造出有棱角的眉毛。相对于平凡无奇的眉毛，看起来有高傲感的眉毛才是重点。

2. 眼窝打底

用略带橘色调的眼影在眼窝处做大范围打底。

3. 下眼影打底

在眼下卧蚕位置用相同颜色的眼影打底。

4. 眼头提亮

用有光泽的粉白色调眼影给眼头提亮，呈现明亮的视觉感。

5. 重点眼影

用咖啡色眼影像画眼线一般填满双眼皮位置，眼尾稍微向后并向上拉5~8毫米，用刷子上残留的余粉进行自然的烟熏。

6. 中间提亮

在眼窝中间部位用带珠光的象牙色眼影进行提亮，让眼睛闪耀出动人光芒。

7. 眼线

用眼线液填满眼睑与睫毛中间的空隙，细细描绘出眼线。

8. 睫毛膏

用黑色丰盈睫毛膏仔细刷睫毛，注意不要结块晕染。

9. 腮红

用与眼影同色调的橘色系腮红，从颧骨外侧向嘴唇方向刷。

10. 唇部打底

用唇部专用打底来调整唇部的颜色。

11. 唇膏

选择与眼影、腮红一致的橘色调唇膏，均匀涂抹在双唇。

12. 提亮

用象牙色提亮产品提亮鼻梁、人中、下巴部位，增加立体感。

童颜印象的完美演绎之

时光穿梭机裸妆

　　我们有信心用化妆来抵挡岁月留下的痕迹。晶莹剔透的皮肤、白皙的脸颊、清透活力的嘴唇等，而这一切靠化妆就可以让我们看上去年轻 5 岁以上。这就是能使时间倒流的化妆术——时光穿梭机裸妆。

主题色彩	妆容重点	应用建议
接近白色的透明粉色腮红和富有透明感的唇蜜。	童颜化妆的关键就在于透亮的肌肤及突显的卧蚕、清澈的眼妆、轻盈的唇彩。	**场合**：想被称赞是年轻貌美时；和比自己年轻的男生交往时。 **搭配风格**：发型不要太复杂，适合两侧绑发的简单服饰，服装材质不要太华丽的。

化妆工具	选择要点
· 喷雾 S2J–Vitamins Essential Mist	· 喷雾 选择富含精华液，能保持肌肤滋润度的喷雾。
· 精华液 S2J–Ultra Collagen Moisturizing Essence	· 精华液 选择能让肌肤维持水润感、保水力持久的精华液。
· 乳霜 S2J–Perfectionist Moisturizing Cream	
· 保湿霜 Bobbi Brown– 晶钻保湿修护晚霜	· 保湿霜 选择能增添皮肤光泽的油状保湿霜。
· 打底 Innisfree–Mineral Shimmering Base	· 打底 选择带珠光的白色或粉色打底产品。
· CC 霜 S2J–UV Essential Moisturizing CC 霜	· CC 霜 选择质地透明、能呈现润泽感的 CC 霜。
· 遮瑕 VDL–Brightening tone concealer	
· 遮饰法令纹 Innisfree–multi pen highlighter 3 号 pink beige	· 遮饰法令纹 选择稀薄并且涂一层即能延展开的膏状或液态产品。
· 蜜粉 Paris berlin–Hightech Power #HT10	· 蜜粉 选择粒子轻透、无厚重感的蜜粉。

1. 喷雾、精华液
· 童颜肌肤的核心在于肌肤弹力与水润感，因此先用喷雾和精华液充分补充水分。

2. 乳霜、保湿霜
· 为了留住基础保养的水分，再涂抹上乳霜与保湿霜，锁住水分，形成保护膜。

3. 打底
· 为让肌肤更有光泽，用含有细腻珠光的打底产品均匀地涂抹。

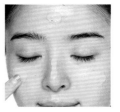

4. CC 霜①
· 用指腹蘸取具有修饰与遮瑕效果的 CC 霜，薄薄地涂抹在脸上使肌肤呈现透亮光感。

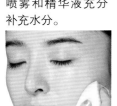

5. CC 霜②
· 脸上有泛红的情况时,蘸湿海绵后,再蘸 CC 霜加强一下。

6. 遮瑕①
· 展现清透的童颜，将肌肤上的斑点用遮瑕品遮住。

7. 遮瑕②
· 有法令纹的话，绝对不叫童颜。用明亮又稀薄的遮瑕品涂刷在法令纹上。

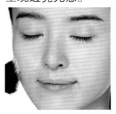

8. 蜜粉
· 用粉刷蘸取蜜粉轻轻刷在脸部轮廓上，中间部位维持光泽感。

化妆工具	选择要点
·眉彩 植村秀 – 创艺眉笔 #H9 ETUDE HOUSE– 青春谎言染眉膏 #1RICH BROWN ·眼影 Holika Holika–Jewel Light Shuffle Color Eyes #01 balleina pink ·眼线 too cool for school–eye design box #12 BROWN ·卧蚕提亮 资生堂 – 心机晶亮光彩眼影 #RD364 亮金色 ·睫毛膏 MAYBELLINE NEW YORK– 快捷摩天浓防水睫毛膏 ·腮红 Skin Food– 玫瑰香腮红膏 #1ROSE RPINK ·提亮 Elishacoy–luminous highlighter ·唇部打底 Innisfree– 润泽唇部底膏 ·唇露 Innisfree–vivid tint rouge #8 春天草莓粉 ·唇蜜 Stila–lip glaze #05 raspberry	·眼影 选择透明的浅粉色眼影。 ·眼线 选择咖啡色防水眼线胶。 ·卧蚕提亮 选择带有白色珠光的亮白色眼影棒 或眼影霜。 ·睫毛膏 选择防水黑色睫毛膏。 ·腮红 选择不过红的自然粉色腮红。 ·提亮 选择有细腻闪耀珠光的白色 打亮产品。 ·唇露 选择与嘴唇颜色接近的粉 红色产品。 ·唇蜜 选择红色半透明唇蜜。

 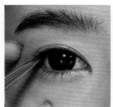  

1. 眼影打底
·用灰褐色染眉膏按照眉毛生长方向梳理，手指蘸取浅粉色眼影大范围地涂抹在眼窝，要整体均匀且服帖地涂抹。

2. 眼线
·用咖啡色眼线胶仔细将睫毛空隙填满，尽可能画出细细的眼线，不要拉眼尾，顺着眼形自然收尾。

3. 提亮笔
·在眼睛下方位置用有润泽感又明亮的白色眼影笔提亮，强调出饱满的卧蚕。

4. 提亮眼影
·觉得卧蚕不足的人，可使用白色或香槟色的眼影，在笑的时候眼睛下方会凸起的位置进行2次提亮。

  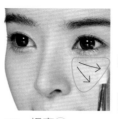 

5. 下眼影

为打造出完美卧蚕，在刚刚提亮的下方，用咖啡色眼影像描绘线条一样制造出隐约的阴影感。

6. 腮红

用指腹蘸取具润泽感的腮红霜，涂在微笑时凸起的脸颊中间（笑肌部位）。

7. 提亮①

童颜肌肤的重点就在于圆鼓鼓的弹力，用含有隐约珠光的提亮产品涂在笑肌部位。

8. 提亮②

为创造出饱满额头，在额头中间进行圆形提亮。

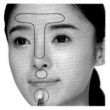  

9. 提亮③

从鼻梁起一直到人中、下巴等部位也进行提亮，创造立体感。

10. 唇部打底

嘴唇界限明显，很难看起来像童颜，用手蘸取适量霜状遮瑕品，轻轻修饰唇部线条。

11. 唇露

用透明感的粉色唇蜜，从嘴唇中央来描绘出唇部线条，增添水润感。

快速完成梦幻裸妆之

三笔化妆术

忙碌的早上，因为时间不够，只能在地铁里化妆而导致眉毛画得歪七扭八；觉得化妆太麻烦，所以一直保持素颜；男友突然出现在家门口，但因为需要化妆只能让其长时间等待；外出旅行时，因只带一个化妆包而担心无法画出精致的妆容……如果你符合上述情况之一，应该痛快地选择可以光速解决以上难题的化妆法。只要带着眉笔、眼影笔及唇笔，就能完成梦幻的妆容，这就是三笔化妆术。

主题色彩	妆容重点	应用建议
咖啡色的眉笔、眼影笔与蜜桃色唇笔。	咖啡色眉笔是基本，不只能创造出层次感，还能描绘出简洁利落的线条。	**场合**：在时间不够却必须完成基本的彩妆时；要准备很多行李去旅行或出差时；家里突然有客人来访时。 **搭配风格**：与自然休闲或日常衣服最搭。

化妆工具	选择要点
· 眉彩 植村秀 – 创意眉笔 #H9 · 眼影笔 eSpoir–Bronze Painting Waterproof Eye Pencil#JEWEL SEND · 唇笔 Nature Republic–eco crayon lip rouge#pitch pink	· 眼影打底 选择油分不多的中性色调咖啡色眉笔。 · 眼影笔 选择温和的霜状咖啡色的眼影笔。 · 唇笔 选择蜜桃色的唇线笔或眉笔。

1. 眉彩①

先用 BB 霜全脸打底，然后用咖啡色眉笔将眉毛空隙补满。

2. 眉彩②

为增添自然感，眉毛画好之后用眉刷沿眉毛方向梳理，没有眉刷时，也可用眼影棉棒轻轻顺一下。

3. 蜜粉

为使妆容不晕染，先在眼皮上用蜜粉。

4. 眼线

用咖啡色眼影笔，描绘眼线。

5. 下眼影

用相同色调的眼影笔将上眼线与眼睛下方的眼睑部位自然连接起来。

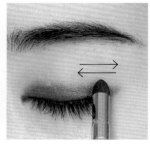

6. 晕开

利用眼影棉棒将刚画的眼线推开，使其产生晕染的渐层感，下眼影也一样。

7. 上唇妆
用蜜桃色唇笔均匀涂抹双唇。

8. 腮红
用唇笔涂在脸颊中间充当腮红，然后用指腹轻轻推开即可。

三笔化妆术完成！

小窍门

挑选多功能的笔状产品

只要利用眉笔、眼影笔、唇笔，就能完成一个妆。要注意的是挑选笔状产品来化妆，要考虑它的多功能性。像眼影笔，若选择润泽的霜状质地，就能用海绵推开打造出腮红的质感。选用唇笔时，也以同样能作为腮红颜色的色彩为佳。

变身气质女生之
眼镜裸妆

　　在偶像剧中，个性小心谨慎且沉闷的女主角，一定是在等候这样的华丽变身：摘掉眼镜、以光彩照人的新形象现身。不过现在眼镜成了另一种时尚象征，同时依然爱在偶像剧中女主角变身的场景中登场。即使戴着眼镜，也想充分表现出时尚潮人品味的话，关键就在于化妆技术。只要表现出透明且干净的肌肤，眼镜也能变成吸引大家目光的时尚单品。

主题色彩	妆容重点	应用建议
浅粉色眼影。	底妆要薄，利用打底来增添隐约的小奢华感。	**场合：**不方便戴隐形眼镜的时候; 考试期间; 需要埋头治学时。 **搭配风格：**格子衬衫或牛仔衬衫、白色 T 恤衫等自然展现青春气息的衣服，除眼镜以外不要选择其他的装饰品。

化妆工具	选择要点
· BB 霜 S2J–Complete Finish Illuminate BB 霜	· BB 霜 选择能呈现肌肤透明感的 BB 霜或 CC 霜。
· 眉彩 KISS ME–Heavy Rotation 眼影 & 鼻影 #01	
· 打底眼影 BOBBI BROWN 云雾眼影 #2PETAL	· 打底眼影 挑选含细致珠光的浅粉色眼影。
· 眼线 CLIO–Gelpresso Eyeliner #DARK CHOCO	· 眼线 只要是防水的咖啡色眼线胶即可。
· 睫毛膏 M.A.C–BROW SET#CLEAR	
· 唇露 Benefit– 甜心菲菲唇颊露	· 唇露 挑选粉红色唇露。

1. BB霜
底妆不能画得过于厚重，为呈现透明感，只涂抹一层稀薄的BB霜即可。

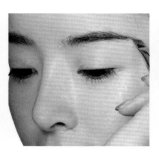

2. 眉彩
蘸取咖啡色眉粉轻轻描绘眉毛，整理出眉形。

3. 眼影打底
以浅粉色调的眼影打在整个眼窝上，以改善遮掩戴眼镜时，因镜片阴影显得上眼皮太暗的问题。

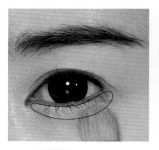

4. 下眼影
下眼影也用相同色调描绘并自然连接起来。

5. 眼线①
用眼线胶将眼睑部位补满，细细画出眼线，呈现自然的感觉是重点，眼尾不要拉太长。

6. 眼线②
用深咖啡色眼影再次描绘在步骤5的眼线上，呈现自然的质感。

7. 夹睫毛
睫毛不要夹太翘或者直接省略这个步骤也可以，如果像洋娃娃睫毛一样卷翘的话，可能会碰到眼镜片或者看起来过于夸张。

8. 睫毛膏

用透明睫毛膏或黑色睫毛膏细细涂上睫毛，注意不要结块。

9. 唇露

用颜色不过浓的粉色唇露轻轻涂抹在嘴唇中央，然后自然地延展开来。

小窍门

打造素颜感的底妆秘籍

1. 留住润泽感

想呈现出素颜感底妆，润泽感是关键。但为使肌肤散发光泽，抹一大堆粉底的话，皮肤反而会看起来更厚重，其实只要在化妆之前做一个补水保湿面膜就可以了。

2. 底妆要尽量减少

做完面膜后为使肌肤水分更充分吸收，可用指腹拍打，然后用可以同时取代防晒霜、保湿霜、妆前乳、粉底的 CC 霜或 BB 霜，稀薄地涂抹上一层即可。底妆应尽可能减少，肌肤才会看起来更有透明表现力。

3. 蜜粉只上在轮廓部位

脸部整体上蜜粉的话，虽然可增加持妆度，却无法展现素颜感。只在脸部的轮廓部位上蜜粉，才能呈现像新生儿一般的透亮肌肤。

自然**眼线妆**

这种妆容没有强调眼尾，所以平时使用也不会有负担。眼尾处有稍稍下垂的感觉，反而看起来更加惹人怜爱。这种妆容与红唇结合，不仅不失高雅，反而更添一层可爱。

1. 使用金色的眼影涂在虚线的部位。因为是打底，所以轻轻涂一层，隐约有点金色就可以了。

2. 使用金色眼影打底后睁开眼睛的效果如上图。

3. 使用金色眼影涂在下眼睑虚线所示的部位。为了增加下眼睑的色彩感，一定要充分打上眼影。在涂眼影时可以将眼影涂在下眼睑的中间部位，然后向两边自然地晕染开。

4. 在虚线部分打上红棕色的眼影做加强效果。一定要找好两端的位置，将瞳孔上方稍微空出做高光的效果。然后沿着箭头方向自然晕开。画红棕色眼影时要注意不要让色彩太突兀。

5. 红棕色眼影加强后睁开眼睛的效果如上图。

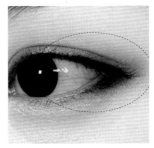

6. 使用黑色眼线笔画出整体的眼线。画眼线时要贴着眼睑边缘细细地描画。眼尾向后自然拉伸，然后使用眼影刷将尾部自然晕开，与下眼线重合。这样妆容效果更加清纯可爱。

7. 使用褐色眼线画出虚线所示的下眼线。下眼线一直画到瞳孔下方即可。使用浅褐色的眼线自然地填在下眼睑边缘上。眼窝部位的眼线不可以画得太深，稍稍有点感觉即可。

8. 眼窝和下眼睑涂上褐色眼线后睁开眼睛的效果如图。

9. 贴假睫毛。这种妆容适合贴一些大胆夸张的假睫毛，所以可以使用完整式假睫毛，制造出更加夸张的效果，这样可以让眼妆像洋娃娃般可爱。

10. 下睫毛也轻轻刷一层睫毛膏。从眼睛正下方开始一直到眼尾，自然地涂上睫毛膏。这时候睫毛膏不要涂太多，稍稍能看出就可以了。

11. 使用亮棕色的眉粉画眉毛。比起柔和的眉形，略带角度的眉形更显得简洁干练。画眉时不要完全按照眉毛的长度画，可以稍稍向后自然拉伸，突出眉峰，整体感觉不要太女性化，画出略带角度的弓形即可。

12. 使用唇彩和唇膏画唇妆。要让唇彩的颜色隐约若现，适合选用略带粉色光泽的唇彩上妆。再涂上唇膏，整个唇部会显得更水润。

13. 使用红色的口红涂在唇部中央的位置，起加强的作用。中央部分涂上亚光的口红，而外侧透着隐隐的水润光泽，这样性感的唇妆就画完了。红色的口红要选择色泽鲜明的产品，这样唇部中央的色彩才能更加强烈。

14. 在黑色虚线部位打上阴影。不需要另外使用腮红，最后打上阴影就可以了。在鼻尖处打上鼻影粉，妆容会更加干练，面部轮廓更加明显。阴影不要打得太明显，隐隐地透出一点感觉，腮红部位稍带一点色彩感就可以了。

需要注意眼线的画法！

清纯**眼妆**

这种妆容清纯的感觉特别适合自然上妆使用。

褐色眼影和珍珠亮粉的使用，让整个妆容既显得清纯动人，又不失端庄大气。妆容带来的柔弱感觉，会让人本能地产生一种保护的欲望。

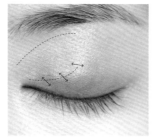

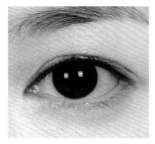

1. 在黑色虚线的位置打上褐色眼影制造阴影，阴影的位置打在眼窝上方，隐约有阴影的效果即可。红色虚线的位置上打上白色眼影，可以在瞳孔正上方画一个圆，白色眼影的范围不可以太大，隐约有高光的效果就行了。

2. 在虚线的位置用米黄色的眼影打底。可以把这个眼影当作阴影和高光渐变的中间色彩。米白色眼影涂上之后，沿着箭头方向将眼影晕开，这样打底眼影就完成了。

3. 米白色眼影打底后的正面效果如图。

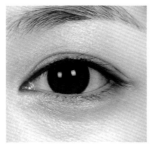

4. 使用米白色眼影在下眼睑虚线位置上打底。将眼影打在卧蚕上，沿箭头方向自然地向后晕染。

5. 下眼睑用米白色眼影打底后的正面效果图。

6. 与第一条黑色虚线对齐，将加强色的褐色眼影涂在双眼皮线上。在第二条的位置上画一半的眼影加强效果，然后按照箭头方向向前晕染。

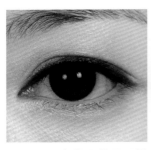

7. 双眼皮线上使用眼影加强后的效果如上图。使用两次眼影可以使眼睛看上去更深邃。

8. 使用液态的珍珠亮彩眼影涂在瞳孔的正下方，用来打造高光效果。这样眼睛会显得更加清澈明亮，有一种泪光闪闪的感觉。高光眼影不能涂得太宽，只要点在瞳孔下方，刷2~3次即可。

9. 用睫毛夹夹好睫毛，涂上睫毛膏，为了防止睫毛打结，一定要一根一根仔细地刷。在贴假睫毛时，可以选择比自己睫毛稍长一点的产品，打造出丰盈浓密的感觉。下睫毛在打高光的位置上涂上睫毛膏。

10. 刷好睫毛膏贴上假睫毛后，睁开眼睛的效果如图。

11. 使用深褐色眉粉画眉。将眉毛修剪干净，按照自己的眉形画眉就可以了。整体干净整洁的眉毛可以给人一种鲜明端庄的感觉。

12. 在黑色虚线的位置上打上阴影。不需要另外使用腮红或高光，可以相对将阴影面积打得较宽些。在靠近面颊中间的位置上打上浅浅的阴影，让脸型显得更尖，整体感觉更加柔弱可人。

13. 使用粉底或唇部遮瑕膏遮盖住唇部原有的色彩。唇部中央保持原有的唇色，仅将外侧的色彩遮盖住。

14. 使用粉色的唇彩自然地增添唇部血色。这时不要一下涂得太重，要慢慢地一层一层地涂抹，要让色彩隐隐地浮现在唇部，这一点很重要。

15. 使用裸粉色唇彩再涂一遍，让唇色更加自然。涂抹唇彩时从嘴唇外侧向内涂抹，这样可以突出中间的色彩，也能够体现外侧自然的裸色效果，让唇部更具立体感。这样，让人忍不住想亲吻的可爱唇妆就完成了。

注意用眼影来加强效果！

日常眼妆

巧妙地使用褐色，打造出零负担、简单美丽的日常眼妆。

粉色红唇作为点睛之笔，给人一种精致可爱的感觉，既像孩子，又像淑女，这种妆容蕴含了两种不同的魅力。

1. 在虚线的位置打上白色珍珠亮彩眼影，制造高光效果。眼影可以从眉毛开始一直画到眼部中央的位置。为了突出亮彩的效果，要注意珍珠亮彩的使用。眼影涂好之后，按照箭头方向晕染开。

2. 在虚线的位置打上褐色眼影用作加强色。加强色从睫毛根部开始一直画到双眼皮线的位置。从眼睛前段开始画，然后沿箭头方向向后自然地晕开。

3. 在下眼睑虚线的位置打上褐色眼影做加强色。加强色从瞳孔下方开始一直延伸到眼尾。色彩渐渐变深，注意调好色彩。

4. 使用卡其色的眼线画在眼睛中央的位置上。然后使用眼线刷自然地晕染开，让眼线跟眼影的色彩自然融合。

5. 卡其色眼线从眼睛中央开始一直画到虚线所示的眼尾。然后利用眼线刷将眼线自然晕染开，与眼睑上的加强色眼影融合。眼线不要画成一条线的感觉，而更像是在眼睑呈面状晕染开。

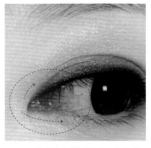

6. 使用眼线刷将残余的眼线画在眼窝部位。主要画在上眼睑上，然后按照箭头所示方向轻轻触碰式地画出上下眼线。这样颜色能够自然浮现，毫无厚重的感觉，眼窝妆容也更加明亮。

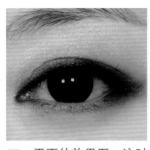

7. 正面的效果图。这时可以在下眼睑前部用米黄色眼影做高光的效果。要注意与先前加强色眼影的自然协调，隐隐地涂上眼影即可。

8. 隐约打底后，下眼线前端可以再涂一层白色珍珠亮彩眼影做高光。白色和米黄色自然结合，整个眼妆既柔和又闪亮。

9. 用睫毛夹认真地夹好睫毛后，涂上睫毛膏或是贴上假睫毛。涂睫毛膏时需要突出眼睛中央的位置。贴假睫毛时最好先将完整式假睫毛修剪后再贴，这样的效果更加自然。

10. 在下睫毛中央的位置自然地涂上睫毛膏。不要为了刻意描画睫毛而涂得太厚，自然地涂一层效果更好。注意不要让睫毛结成块。

11. 使用褐色画眉，能够与整个眼妆更加自然和谐。眉形稍稍上扬，突出眉峰，并注意比平时画得窄一点，这样更能突显女人味。

12. 唇部整体涂上裸色调的粉色口红。注意要让唇部外侧跟肌肤自然地融合，可以用手轻轻拍打整理。

13. 在唇部中央的位置再涂一层口红，这样唇部会更显丰盈厚实。这时可以选用相同的裸粉色口红，也可以选择更具粉色光泽的产品。

14. 使用杏黄色的唇彩涂在整个唇部。粉色和杏黄相融合，一方面可以降低裸粉色的负担感，另一方面可使色调更加柔和，这样唇部更显水嫩，柔弱可怜的唇妆也就完成了。

15. 在红色虚线的位置从面部外侧向中间打上粉红色的腮红。为了增加面部的血色，腮红可以从颧骨开始自然地向内晕染开。黑色虚线所示位置用腮红刷上残余的腮红轻轻地向周围晕开，打造出自然的高光效果。

眼影和珍珠亮彩的结合很关键！

内外眼角**重点妆**

在眼睛内外眼角画上眼线，让眼睛显得更大更有神，利用珊瑚色和褐色完成更加可爱的眼妆效果。同样的妆容只需要改变一下唇彩的颜色就可以变幻出不同的感觉，这样会让妆容更具魅力。

1. 使用略带亮粉的米黄色眼影涂在虚线所示的部位打底。注意不要将某一处的眼影涂得太深，要将眼影在上眼皮整体晕开。

2. 米黄色眼影打底后睁开眼睛的效果图。

3. 使用褐色的眼影涂在虚线所示部位，加强色彩效果。将加强色沿着箭头所示方向涂在两端，突出中间明亮的色彩感。加强色只需要涂到双眼皮线上即可，涂的位置不要太高。

4. 使用褐色眼影加强后睁开眼睛的效果图。

5. 使用不带亮彩的褐色眼影涂在眼窝部位制造阴影效果。像虚线所示的那样，画一个三角形的区域就可以了。注意不要涂得太深，与打底眼影结合的部位要自然渐变。

6. 使用珊瑚色眼影涂在下眼睑虚线的位置上。靠近眼窝的地方颜色要浅，越往眼尾颜色越深，色彩感越明显。虽然是同一种颜色，分层上色就会呈现出立体感。

175

7. 使用黑色眼线笔画眼线。眼线要从眼睛中间开始沿着箭头方向稍稍画粗一点。眼尾的部位要随着眼睛的轮廓稍稍上翘。整体的眼线是从眼睛中间向后一直画到眼尾，并且自然地突出眼尾妆。

8. 使用褐色的眼线笔画眼窝部分（虚线所示部位）的眼线。沿着眼窝，将眼线画在眼睑边缘上，并注意和中间的眼线色彩协调。眼窝的眼线不要超过眼睛中央。

9. 使用卡其色的眼影涂在下眼睑（虚线所示）部位用来加强色彩。这样使用眼影来加强效果，不仅显得柔和，而且也更加干练清爽，妆容看起来不会有负担。卡其色眼影不要涂得太突出，一定要注意与底色保持协调和谐。

10. 使用睫毛夹夹弯睫毛后，再贴上假睫毛。使用假睫毛是为了加强眼部妆容，所以可以选择比自身睫毛要长的假睫毛。为了起到加强的效果，可以使用单簇式假睫毛贴在睫毛的缝隙中。这样整体妆容就更加优雅了。

11. 单簇式假睫毛贴好后的效果图。根据自己的喜好，也可以不贴假睫毛，只涂上睫毛膏。

12. 画好眉毛之后，将眉毛进行简单的修整。可以选择褐色的眉粉画眉，这样整体妆容会更加柔和。另外，可以按照自己本身的眉形画眉。眉毛需要修剪得整齐干净，这样给人的印象会更加机敏干练，最后不要忘了让眉毛看起来整齐清晰。

13. 使用阴影和腮红让整个面部更加立体。在红色虚线所示的部位打上粉色和褐色混合的腮红，沿着所示线条从面部外侧向内轻轻晕染，让整个色彩若隐若现。黑色虚线所示的部位按照相同的方法打上少量的阴影。

14. 使用裸粉色口红涂在整个唇部，中间微微加重。

15. 再涂一层透明的唇彩，让整个嘴唇看起来更加丰厚，粉嫩的色彩就能凸显出来。这样柔软润滑的粉色唇妆就完成了。

注意内外眼角眼线的画法！

眼部中央**重点妆**

　　将眼线画在眼部中央，这样的妆容一方面可以突出女人味，另一方面还能给人一种可爱的感觉。这样的可爱妆容很适合约会、相亲时使用。

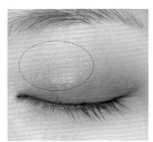

1. 基础护理完成后，使用液态高光粉涂在面部。将少量的高光液打在额头、面颊的部位，如果还有想要打高光液的部位可以根据自己的需要打上。打高光液的时候注意不要将底妆带起来，可以选用高光粉刷或是粉扑轻轻拍打涂匀，让肌肤显得自然水润有光泽。

2. 打完高光液后显得更加水润光泽的肌肤。

3. 在眼睛中央虚线所示的部位打上金色的眼影打底。打底的眼影不能涂得太宽，在瞳孔上方稍稍偏前一点的位置，起到加强色彩的效果即可。然后在睫毛的根部画出眼线，不要太明显。

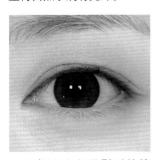

4. 打上金色眼影后的效果图。

5. 在虚线所示部位打上褐色的眼影做加强色，这时需要注意与打底色眼影的协调，注意不要留下界线。涂加强色的位置不要超过双眼皮线。

6. 双眼皮线上画上褐色眼影加强后，睁开眼睛后的效果图。

7. 使用金色眼影涂在下眼睑虚线所示的部位打底，轻轻地涂一层，能够隐约透着金色即可。在眼窝处点上之后，沿着箭头方向向后自然晕开。

8. 下眼睑眼影晕染后的效果如图。

9. 在虚线部位涂上褐色眼影做加强色。因为打底的眼影是金色，所以色彩很容易融合。注意要将褐色眼影涂在睫毛根部。加强色涂上之后，使用眼影刷沿着箭头方向向后晕开。

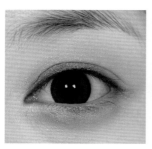

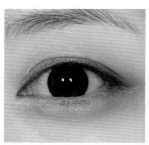

10. 下眼睑涂上褐色眼影加强后的效果如图。

11. 在虚线所示的位置打上褐色眼影加强。上加强色时按照三角形将眼尾包围，渐渐向前晕染即可。使用深褐色眼影加强后，再沿着箭头方向轻轻晕染开。

12. 深褐色眼影加强后的正面效果如图。

13. 在虚线所示部位画黑色眼线加强效果。眼睛前后两端可以不画，只将中间部位画上眼线即可。这时眼线可以画得稍微粗一点。

14. 使用黑色眼线笔画出眼睛中部的眼线之后，自然地晕染开。打底眼影和加强眼影的色彩自然协调，眼线的色彩和眼影的色彩自然过渡。这时需要注意不要将眼线向两边晕染。

15. 黑色眼线自然晕染后的效果，眼睛显得很深邃。

注意眼线的自然晕染！

整体**眼线妆**

这种妆容要求画满整个眼线。

这样的妆容看起来既干练利落，又能突出面部的立体感，给人一种明快高雅的感觉。

1. 将灰色的眼影涂在虚线部位上打底。打底眼影要涂在睫毛根部，然后沿着箭头方向向上晕染。越过双眼皮线自然地向上晕染开，让色彩达到渐变。

2. 灰色眼影打底后睁开眼睛的效果如图。

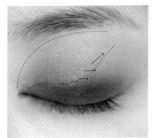

3. 使用略带珍珠亮粉的米白色眼影涂在虚线部位，制造出隐隐的高光效果。将眼影从眼部中央自然地向眉毛晕染。从眼窝开始，沿着箭头方向向后自然地晕染就可以了。

4. 米白色眼影晕染后的效果如图。

5. 使用深海军蓝色画眼线。眼尾部分要稍稍向上伸展，注意不要画太长！眼尾的眼线沿着箭头方向自然地结束即可，这样就可以有一点猫眼妆的效果。

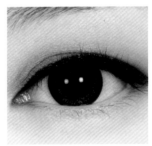

6. 上升型眼线画完后的效果如图。

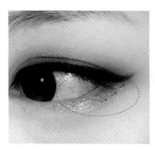

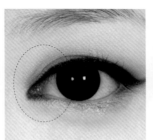

7. 将金色亮粉涂在下眼睑的眼尾部位，制造高光的效果。一般泪光效果都是将眼影涂在眼窝部位，而这样涂在眼部中央靠后的位置，能带给人一种爽朗闪亮的感觉。将金色亮粉从开始的位置沿箭头方向向后晕染直到眼尾，注意不要涂太多。

8. 使用褐色眼线画在眼窝部位突显整个形象。这时不使用黑色或海军蓝，而是选用褐色，这样可以避免色彩感太强。将眼线填满整个内眼角，一直画到瞳孔开始的位置即可。

9. 用睫毛夹仔细地夹好睫毛，然后涂上睫毛膏，注意不要让睫毛膏结成块，特别是中央部位。一定要保证睫毛卷翘，然后用睫毛膏一根根涂均匀，让眼睛看起来更加立体闪烁就可以了。下睫毛从中央开始到眼尾都需要涂上睫毛膏，眼窝部分可以不涂。

10. 下睫毛涂好睫毛膏后的正面效果如图。

11. 选择和头发或瞳孔色彩协调的深褐色眉粉画眉，保持眉形的水平，并注意需要稍稍向后画眉峰。在眉毛下方利用高光定型并制造立体感。眼窝上方使用鼻影粉画出三角形的阴影。

12. 使用珊瑚红的口红涂在整个唇部。

13. 将粉色亮粉唇彩轻轻地涂在唇部中央。制造高光效果即可。

14. 利用阴影刷沿着黑色虚线在脸部外侧轻轻地打上阴影，鼻头两边也稍稍打上阴影。红色的虚线所示部位，轻轻拍打颧骨的位置，按照S形打上腮红，注意不要将腮红涂到面部中央的位置。使用橘色腮红会显得健康。

利用上升型的眼线打造立体感！

与异性聚会时的**妩媚眼妆**

这种高贵优雅的妆容可以让男友更有面子。褐色的使用让整体妆容更加柔和，眼神更加深邃；与粉色结合，还能增添一层可爱娇羞，是日常妆中使用度很高的妆容。这样的妆容无论何时何地都能让人满意。

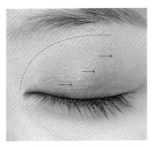

1. 在虚线的位置上涂上米黄色眼影打底。打底的眼影从眼窝开始一直画到眼睛中央的位置，然后从打底结束的地方沿着箭头方向自然地向后晕开。

2. 上眼睑使用米黄色眼影打底后睁开眼睛的效果如图。

3. 虚线部位使用褐色眼影加强。加强色眼影从眼睛两端开始向中间聚合。按照箭头所示方向使用眼影刷向中间自然地聚合晕染。

4. 使用褐色眼影加强后的效果如图。

5. 使用褐色眼影浅浅地打在眼窝上方，制造阴影效果。打阴影时要注意与打底的眼影色彩协调渐变。这一步是为了让妆容更加高贵优雅，所以注意不要将阴影打得太深。

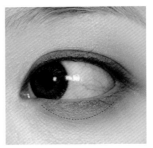

6. 下眼睑也需要使用眼影打底。可以使用上眼睑打底眼影和加强色眼影涂在虚线所示的位置上，整体涂上打底眼影之后，再在睫毛根部轻轻地打上加强色的眼影。这样整个眼部就更加立体了。

7. 使用深褐色的眼影画出整体柔和而又高贵的眼线效果。从眼窝开始，根据眼部轮廓一直向后画到眼尾，并自然地向后延伸。下眼睑自然地从打底色眼影的位置开始向后画，直到与上眼线重合。轻松地按照箭头的方向用眼影刷向后自然刷开即可。

8. 眼窝虚线所示的部位使用白色眼影打造高光效果。高光效果能让眼窝看上去更加轻松自然，这样整个眼睛也能显得更大、更明亮。白色的眼影不要突然断掉，最好能沿着箭头方向自然地向后晕染，达到色彩渐变的效果。

9. 用睫毛夹仔细地夹好睫毛，特别是从眼部中央开始直到眼尾。将眼睛中央到眼尾部分的睫毛涂上睫毛膏，最好向着面部外侧涂抹，让整体效果更加夸张。假睫毛的使用也要重点突出眼尾部分，所以不要使用太过浓密的假睫毛。

10. 下睫毛从瞳孔结束的位置向后涂上睫毛膏。睫毛膏需要充分涂抹，但并不要求将其一根一根涂得清爽明晰，注意不要结成块。

11. 下睫毛涂好睫毛膏后的正面效果如图。

12. 选用和头发或瞳孔颜色相符的眉粉画眉。眼窝部位稍稍画得厚重一点，不要给人一种轻浮的感觉。如果想要更具女人味的淑女形象，画眉时可以稍稍凸显些眉峰。

13. 将淡紫色和粉色腮
红混合，打在虚线
的位置上。淡紫色的纯洁
和粉色的可爱巧妙地结合
在一起，能给人一种成熟
的感觉。腮红打在面部中
央的位置，不要向外侧延
伸。

14. 使用裸粉色口红涂
在整个唇部，然后
在唇部外侧用手指轻轻拍
打将色彩晕开。这样口红
的颜色就可以和底妆完美
地融合。

15. 将透明的唇彩以唇
部中央为中心向两
边涂开。从唇部的中央开
始，注意调节唇彩的用量，
着重刻画唇部的丰厚感和
光泽感，外侧几乎没有唇
彩，这样的唇妆更加自然。

重点打造
眼影和高光！

与同性聚会时的
亲和力眼妆

与闺蜜们相聚，当然要使用更显出众的烟熏妆！
最具人气，女性最想画的妆容应该就是烟熏妆了吧。
性感而又独具魅力的烟熏妆可以让你成为聚会上最让人钦羡的女神。

1. 将浅褐色眼影涂在虚线位置上打底，晕染到整个上眼皮，隐约透着眼影的色彩即可。

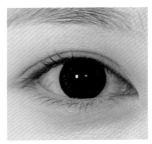

2. 浅褐色眼影打底后睁开眼睛的效果如上图。

3. 在虚线位置上打上金褐色眼影加强色彩。加强色眼影打在双眼皮线上，然后沿着箭头所示方向晕染开。

4. 金褐色眼影加强后的效果如图。

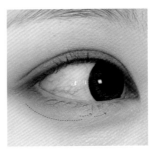

5. 将浅褐色眼影打在下眼睑虚线部位打底。从眼尾开始向瞳孔下方沿着箭头所示方向晕染开。

6. 下眼睑眼影打底后的正面效果如图。

191

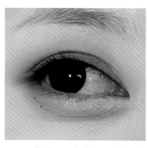
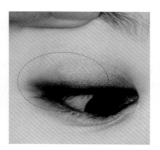
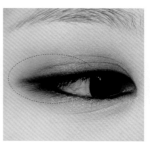

7. 将象牙白的眼影打在下眼睑虚线的位置上做高光效果。从眼窝开始一直画到瞳孔结束的位置，沿着箭头方向晕染，让高光眼影和打底眼影的色彩自然渐变。

8. 使用黑色眼线将整个眼部眼线画出来。可以稍微画粗一点、深一点，凸显出眼线色彩，明确地画出眼线。

9. 眼线画好后，将眼线自然晕开，填满眼睑边缘。为了眼线和加强色眼影的自然协调，需要从眼尾开始到眼部中央自然地晕染开。另外，需要使用眼线刷将眼线的边缘自然晕开，下眼睑边缘也需要用黑色眼线填满。

10. 贴上假睫毛。眼妆比较浓烈，如果只用睫毛膏根部就看不出效果。为了突显出眼尾纤长的效果，在贴假睫毛时，比起眼窝，眼尾部位更需要贴好假睫毛，这样妆容更显得性感。

11. 下睫毛上整体涂上睫毛膏。为了能够跟上睫毛平衡，最好能够涂两次睫毛膏。为了让下睫毛充分显眼，需要仔细认真地涂好睫毛膏。

12. 为了加强唇部中央色彩，在唇部中央涂上亮粉色唇彩。从唇部中央开始涂，然后将唇彩刷上残余的唇彩向外侧晕开，外侧隐现出色彩感就可以了。最后，在唇部中央再涂一层亮粉色的唇彩。

13. 使用深褐色眉粉画眉。使用色彩感较强的色彩画眉，整体的妆容才能更显得高雅沉稳。由于眉粉色彩较深，所以画眉时不要画得太粗，浅浅地画一遍就可以了。画眉时需要突出眉峰，这样就可以更有女人味。

14. 在虚线部位打上粉色和褐色混合的腮红。然后将腮红刷上残余的腮红轻轻地向颧骨方向晕开。粉色和褐色混合时，需要多一些褐色，这样能够更添一层魅惑的效果。

凸显眼影和眼线的画法！

校园**粉唇妆**

这样的唇妆最适合充满生气的校园妆。

清新的草莓牛奶色唇膏和楚楚动人的眼妆，能让校园妆更加出彩！

这种清新自然的妆容，可以打造出不管男女老少都会有好感的形象。

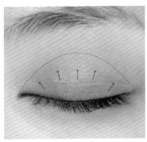

1. 虚线内使用米黄色眼影打底。眼影打在睫毛的根部，然后沿着箭头方向将眼影晕开。需要加强瞳孔上方的色彩，然后让色彩向周围自然地晕开。米黄色眼影可以选择稍带有珠光亮彩的产品。

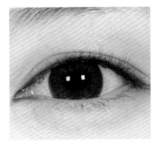

2. 上眼皮打上米黄色眼影后睁开眼睛的效果如图。

3. 在下眼睑虚线的位置打上米黄色眼影打底。打底眼影的范围可以打得大一点。制造出高光的效果，将眼影沿着箭头方向向后自然地晕染，达到色彩的渐变效果。

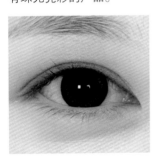

4. 金褐色眼影加强后的效果如图。

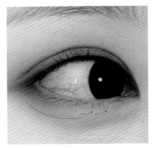

5. 将浅褐色眼影打在下眼睑虚线部位打底。从眼尾开始向瞳孔下方沿着箭头所示方向晕染开。

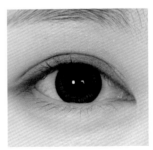

6. 下眼睑眼影打底后的正面效果如图。

7. 使用睫毛夹夹好睫毛后，涂上睫毛膏。上下睫毛都需要涂上睫毛膏，保证整体的整齐清爽。由于整体的眼妆色彩较亮，所以干净整齐地涂上睫毛膏之后也能充分突显眼妆效果。注意不要让睫毛膏打结或是粘在一起。

8. 使用褐色眉粉画眉。从眼睛中央开始向后自然晕开，在眼窝部位稍稍补满眉毛的色彩即可，从眉峰到眉尾自然连贯地刷上眉粉。

9. 稍稍凸显眼窝部位的眉毛，可以使用透明的睫毛膏梳理眉毛。梳理好的眉毛会更显得清纯干净。

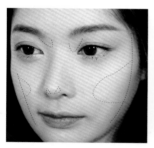 

10. 红色虚线内打上带有草莓牛奶光泽的粉色腮红，将腮红打在面颊上，然后向四周晕染开。沿着黑色虚线外侧打上阴影。使用阴影刷将阴影晕开，不要留下明显的分界线，然后打上鼻影粉，让眼神更显深邃。

11. 整个唇部涂上亮彩的粉色唇膏。这时要以唇部中央为中心，向四周自然地涂开，不要留下明显的界线。需要特别注意的是，唇部的外侧几乎不用上色，保持原有的唇色，突出水润的感觉就可以了。

注意粉色唇妆
和腮红的协调！

小窍门

　　为了让校园妆更加美丽出众，打底是很重要的。比起凸显色调，打好清爽的底妆是非常重要的。一定要记住在底妆上多用点心哦！

　　梳理整齐眉毛，能使整体形象更加清纯干净。注意画眉时主要突出眉毛的前端。

清纯**粉唇妆**

整体的妆容以突出清纯的感觉为重点。干练与清纯相结合，妆容更显可爱。这样的妆容不需要添加过多的色彩，相反，还需要减掉一些色彩。保持整体妆容的清爽干净很重要。

1. 上眼皮整体轻轻打上一层象牙白的眼影和蜜粉，将上眼皮的油分去除干净。这样眼妆能显得更干净。

2. 在虚线内打上褐色的眼影加强色彩效果。加强色不要太深，使用一些可以制造柔和氛围的产品。将加强色的眼影打在睫毛根部，然后沿着箭头方向向上晕染开，注意不要越过虚线的位置。

3. 打上加强色眼影后睁开眼睛的效果如图。

4. 使用隐约带有珠光的米黄色眼影在虚线内打底，隐约透着珠光即可。打底眼影打上后，沿着箭头方向将色彩晕开，让打底色眼影和加强色眼影达到渐变的效果。

5. 上眼皮打上眼影后睁开眼睛的效果如图。

6. 将黄色眼影打在下眼睑，从眼睛前端开始自然地向后晕开。从瞳孔结束的位置开始到眼尾再打上加强色眼影加强效果。沿着箭头所示方向晕开，让色彩自然渐变。

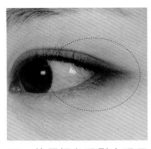

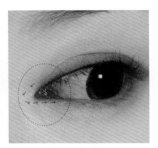

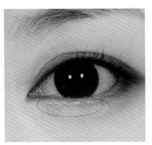

7. 使用褐色眼影在眼尾加强色彩效果。在下眼睑打底眼影上再打一层加强色眼影就可以了。为了达到拉长眼尾的效果，使用眼影刷将眼尾部分的眼影向后拉伸，这样就可以轻松打造出自然而又深邃的眼眸。

8. 使用褐色的眼影画出眼窝的眼线效果。由于是眼影，所以画出的效果不会太僵硬。沿着箭头方向用眼影刷将眼影晕染开，让色彩表现自然，这样看上去眼睛明亮、深邃，又不失柔和。

9. 下眼睑使用珍珠亮彩的白色眼线液，制造出泪光效果。画眼线时注意浅浅地画一条线，鲜明地表现出泪光的效果即可。干净清爽地将眼线画好，这样的泪光效果既能让眼睛更加明亮，又使妆容不会显得太过华丽。这样水汪汪的双眼就完成了。

10. 在涂睫毛膏之前，一定要先用睫毛夹仔细地将睫毛夹好，睫毛弯曲上翘之后再涂上睫毛膏。使用睫毛膏时要一根一根地刷在睫毛上，这样才能保证睫毛清晰分明、自然上翘的效果。

11. 画眉时，如果想要制造出柔和的感觉，可以选择较亮的色彩；而如果要打造干练清爽的感觉，可以选择相对较深的色彩，根据自身的眉形画眉。眉尾的色彩感不要太明确，轻轻修饰，让眉色自然均匀。

12. 在虚线的位置上浅浅地打上浅粉色的腮红。不要凸显色彩感，让两颊自然地透着红光就可以了。

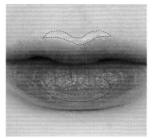

13. 使用唇彩涂在整个唇部，然后对唇部外侧稍做修饰。

14. 在上方的虚线内打上高光粉，注意明确地勾勒出唇峰的位置。明确的唇峰可以让唇部显得丰厚而又可爱。最后在下唇中央的虚线内稍稍涂上珠光亮粉。珠光可以让整个唇妆更加清纯又性感。

干净而又
清纯的
唇妆很重要！

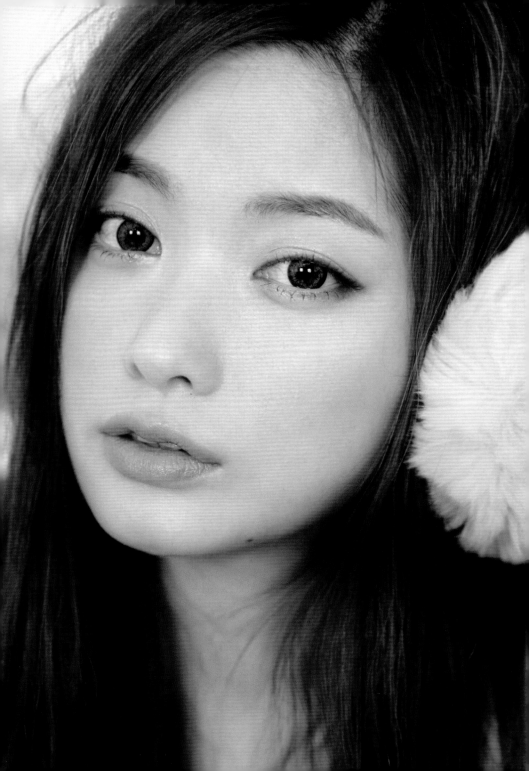

少女气质**裸唇妆**

少女气质妆最能体现清纯的感觉。

清秀至极！珊瑚色和橘色调和，清纯而又复古的感觉能够表现出少女般的清新可爱。这样的少女气质裸妆让人不得不爱！

1. 在虚线的位置用米黄色眼影打底。从眼窝开始打上眼影，然后沿着箭头方向自然地晕染。

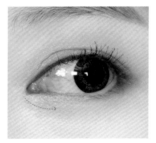

2. 在虚线所示的下眼睑打上米黄色眼影，从眼窝开始到卧蚕，自然地晕染开，使其隐约透着米黄色的光泽。

3. 眼睛上下打上米黄色眼影后的正面效果如图。

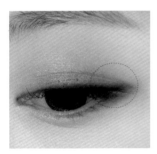

4. 使用褐色眼影画眼线。画眼线时不需要另外使用眼线笔，将眼影沿着睫毛根部填满缝隙，画出眼线的效果。虚线所示的眼尾部位需要加强色彩效果，所以眼影可以适当加深。在眼尾部位画出三角形的感觉，这样眼睛看上去更加清纯。

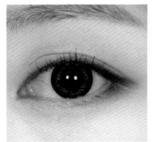

5. 用眼影画出眼线后的正面效果如图。

6. 用睫毛夹夹好睫毛后，为了能够突出眼尾，只需要在眼尾处贴上假睫毛。为了让眼尾看起来纤长，可以选择比自己睫毛稍长的假睫毛贴在眼尾部位。贴好假睫毛之后再刷上一层睫毛膏。

7. 下睫毛也需要全部刷上睫毛膏，尽量刷得干净利落，为了突出下睫毛的效果，可以多涂一遍。

8. 下睫毛涂好睫毛膏后的正面效果如图。

9. 使用裸色调的珊瑚红口红涂在整个唇部。选择略带亮彩的产品用唇刷轻轻地拍打涂匀，这样唇部会更具水润的质感。

10. 在虚线位置（面颊→鼻子→面颊，相互交融）上打上橘色的腮红。调节好色彩的强度，面颊上的色彩要比鼻梁的稍稍加强。然后使用腮红刷将腮红沿着箭头方向晕开。

注意珊瑚红唇膏
色彩的浓厚！

小窍门

　　腮红的涂法和唇妆同样重要。注意腮红从面颊到鼻梁的自然协调。鼻梁的色彩和腮红相呼应，能够让本身清纯的形象更添一层纯净的感觉。

　　橘色调的妆容本来就很适合东方人。化彩妆时，如果觉得粉色有负担，那么就试试橘色吧。橘色的妆容适合搭配青色或是复古的服饰，若想要打造不一样的妆容效果，不妨试一试吧。

浪漫的**珊瑚红唇妆**

浪漫的珊瑚红唇妆能够打造出清纯女艺人的感觉。

可爱的粉色和少女气质的珊瑚红结合,让浪漫的珊瑚红唇妆更添一层可爱的气氛。

1. 将珊瑚红色的眼影打在虚线内,整个上眼皮隐约透着眼影的色彩就可以了。

2. 上眼皮打上珊瑚色眼影后睁开眼睛的效果图。

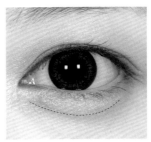

3. 使用白色色调的米黄色眼影打在下眼睑虚线内部。

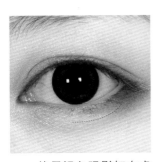

4. 使用褐色眼影打在虚线所示的眼尾部位,让眼尾隐约透着色彩感。将眼尾打造出自然下垂的感觉,这样更显得清纯可爱。

5. 将黑色眼线画在虚线所示的位置。眼窝部位稍稍空出,眼线一直画到眼尾,填满睫毛根部缝隙。为了让眼睛看起来更圆,眼部中央的眼线可以画得稍微粗一点,但是注意不要画太粗。

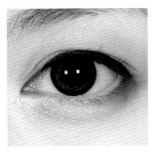

6. 画好眼线后,睁开眼睛的效果如上图。

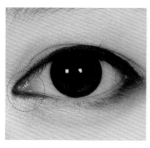

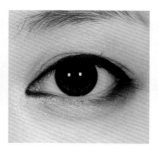

7. 使用褐色的眼线修饰眼窝和眼尾。色彩暗淡的褐色眼线可以让整个眼妆更显柔和。注意眼窝的眼线不要越过眼睛中央，眼尾部眼线的处理要自然柔和。

8. 用褐色眼线修饰好眼窝和眼尾后的效果如图。

9. 炫目卷翘的睫毛是妆容的重点，所以一定要使用睫毛夹夹好。另外，可以先用纤长睫毛膏涂一遍，之后再涂一层浓密睫毛膏，这样丰盈纤长的睫毛就打造完成了。贴假睫毛时，要选择睫毛浓密、眼尾部分较纤长的产品，这样效果会更好。

10. 下睫毛在没有画眼线的部位刷上睫毛膏。

11. 使用亮色的眉粉画眉，这样妆容更加清爽闪亮。眉形画一字形眉，整体上扬。眉毛的长度可以画得比平时稍短，这样更显年龄小，更有少女的感觉。

12. 虚线所示的心形内打上粉色和珊瑚红色混合的腮红。腮红不要打得太深，稍稍突显出色彩感加强的效果即可。

13. 使用亮彩质地的珊瑚红口红涂在整个唇部，在唇部自然晕开。

14. 在唇部凸起的部位隐隐地涂上一层银色珠光亮彩唇彩。不要涂太厚，浅浅地涂一层，稍稍晕开即可。一定要记住银色珠光唇彩稍稍涂一点就可以了，不然会显得俗气。

注意唇膏和唇彩颜色的调和！

独特**红唇妆**

将红色所具有的强烈感去除掉，突显清纯而又性感的形象。
清纯的妆容不仅能够减少红色的负担感，还能使红色发挥其独特的魅力。

1. 使用红色的时候，一定要确保底妆的干净清透。制造出水润光洁的肌肤效果。如果面部的油光太多，可以使用蜜粉遮盖，相反，如果肌肤缺乏光泽，可以使用喷雾精华增加光泽。

2. 虚线内用象牙白的眼影打底。在整个上眼皮上浅浅地打一层打底的眼影，调节上眼皮的油光，让色泽感表现得更美丽。由于是底妆，所以眼影不要打太厚。

3. 在虚线内侧打上一层珊瑚色眼影，保证整体透着珊瑚红的色调就可以了。这时不需要特别注意色彩的渐变或调和，简单地打上一层就可以了。

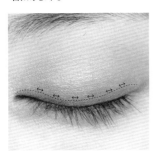

4. 在虚线的位置上打上红色的眼影。注意眼影的位置不要太高，打在双眼皮线 1/3 的位置上就可以了。然后沿着箭头方向用眼影刷将红色眼影整体晕染开，保持色彩的均匀。

5. 打上红色眼影后睁开眼睛的效果如上图。

6. 使用与上眼皮相同的珊瑚色眼影在虚线所示的卧蚕上打底。打好以后，沿着箭头方向自然地向后晕开。

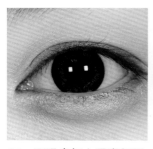

7. 下眼皮打上珊瑚红眼影后的正面效果如上图。

8. 使用红色的眼影打在眼窝和眼尾加强效果。这样的妆容更加柔和诱人。眼睛前端打眼影时注意干净利落，而眼尾部位的眼影可以稍稍向后拉伸，制造出自然的眼尾妆。

9. 眼睛前后打上红色眼影加强后的正面效果如上图。

10. 使用睫毛夹夹好睫毛后，贴上假睫毛。由于整个妆容要突出眼尾妆，所以比起使用睫毛膏，贴上假睫毛的效果会更好。从眼睛1/3的位置开始贴假睫毛。眼尾贴上假睫毛后会显得更加纤长，这样会更显性感。

11. 贴上假睫毛之后，再涂一层睫毛膏，突出表现眼部中央到眼尾的睫毛，这样眼妆看起来也更加自然。睫毛膏从眼窝开始仔细地刷好，这样能让假睫毛显得更加自然。下睫毛主要刷在瞳孔下方。

12. 画眉时注意与头发色彩的协调。眉毛画深一点会更加性感，所以可以选择深色的眉粉。另外，眉峰稍稍上扬，这样的妆容更能体现成熟的感觉。

13. 虚线部位整体打上高光，突出表现面部的立体感。高光粉选择稍带珠光的金色调的产品。金色调的高光粉能让妆容更加自然，既透着高雅的光泽，又可以提升面部的立体感。

14. 使用红色唇彩一层一层地涂在唇部。嘴唇要水润才会更加美丽，如果唇部干燥可以先涂一层润唇膏。使用棉棒将唇彩从中央开始向四周晕开，最后再加强唇部中央的色彩感。比起唇膏，唇彩会更加自然诱人。

注意诱惑的唇妆和眼尾妆！